Evelyn Seeger

Sumpfschildkröten
und Wasserschildkröten

AUGUSTUS

Inhalt

Die Sumpfschildkröte kennenlernen

Sumpfschildkröten im Heim sind sehr beliebt. Allerdings ist das Leben dieser Tiere stark an die Umweltbedingungen in der Wildnis angepaßt. Dem muß man in menschlicher Obhut Rechnung tragen. In artgerechter Umgebung stellen Tiere, die sich wohl fühlen, dann ein faszinierendes Verhaltensrepertoire zur Schau, wie man es in der Natur nur schwer beobachten kann.

Ursprung und Herkunft

Schildkröten existieren bereits seit 200 Millionen Jahren. Daß sie bis heute überleben konnten, ist einmalig. Es liegt wohl an der Mischung aus gepanzertem Schutz und einer bemerkenswerten Zählebigkeit. Schildkröten haben fast die gesamte Erde außer der Antarktis besiedelt und sich dabei fast alle Lebensräume erobert. Dadurch konnte sich eine enorme Artenvielfalt entwickeln mit erstaunlichen Anpassungen. Über 220 Arten gibt es weltweit. In der Natur bevölkern sie Flüsse, Seen, Teiche, Sümpfe und Regenwälder. Sie leben im Ozean aber auch in Steppen und Wüsten. Da die Tiere auf Wärme angewiesen sind, kommen die meisten von ihnen in tropischen und subtropischen Gebieten vor. Schildkrötenarten, die sich gemäßigten Zonen angepaßt haben, halten in der kalten Jahreszeit eine Winterruhe. Die Schildkröten (Testudines) zählen zur Ordnung der

Neugierig blickt die Dosenschildkröte in die Umgebung.

Reptilien. Sie werden in zwei Gruppen gegliedert, nämlich
die Halsberger- und die Halswender-Schildkröten.
Halsberger können den Kopf vollständig in den
Panzer einziehen, Halswender hingegen
legen ihren Hals seitlich dem Körper an.

Die Sumpfschildkröte, das urweltliche Wesen

Sumpfschildkröten sind die einzigen Reptilien, denen wir
Menschen ohne Vorurteile, Mißtrauen oder Angst begeg-
nen. Die gemächlichen Bewegungen dieser Tierart an Land,
der kurze Schwanz, der lange Hals und die großen Augen
wecken unsere Sympathie. Ihr Panzer macht sie mit anderen Reptilien-Ordnungen unverwechselbar. Er ist mit Hornschilden bedeckt und schmückt das Geschöpf in vielerlei
Farben mit kontrastreichen Mustern. Zwar läßt er sie robust
erscheinen und dient als Tarnkappe, doch kann er die an
Land behäbigen Reptilien nicht immer vor Beutegreifern
schützen. Sumpfschildkröten müssen allerdings mit Gefahren an Land und im Wasser rechnen. Beim Landgang halten
sie sich deshalb am liebsten im Uferbereich auf. Um bei An-
griffen ihre Haut zu retten, gehen sie auf Tauchstation. Dort
können sie sich verstecken, beißen oder wegschwimmen.
Wer also glaubt, daß diese Tiere bewegungslos und phleg-
matisch sind, irrt sich gewaltig. Sumpfschildkröten sind
außerordentlich geschickt, lebhaft und vital.

Als Heimtiere gewöhnen sich Sumpfschildkröten gut an
den Menschen. Tiere, die bei engagierten Haltern leben,
können hierzulande sehr alt werden. Leider sind viele
Arten in der Natur vom Aussterben bedroht. Ihnen wurde
rücksichtslos nachgestellt, oder sie sind durch die Zerstörung ihres Lebensraums gefährdet. Aus diesem Grund
ist für viele Arten nur der Erwerb von Nachzuchten zulässig. Daß in der Gegenwart erfolgreich Sumpfschildkröten
nachgezüchtet werden, liegt an den vielen Erkenntnissen,
die Experten durch Studien in menschlicher Obhut gewonnen haben. Die schönen Geschöpfe erlauben interessante
und aufschlußreiche Verhaltensbeobachtungen.

Ein typischer Halswender:
Die Australische Schlangenhalsschildkröte bringt Kopf und Hals
seitlich zwischen Bauch- und
Rückenpanzer in Sicherheit.

Wichtige Fragen vorab

Über die Konsequenzen des Entschlusses, Sumpfschildkröten zu halten. Wissenswertes über Haltungsansprüche und Entscheidungshilfen bei der Artenwahl. Damit Sie wissen, ob Sie mit den Panzertieren wirklich leben möchten.

Voraussetzungen für die Haltung

Als Jungtiere sind die Sumpfschildkröten niedliche Winzlinge. Damit die Freude bleibt, müssen wir ihnen viel Aufmerksamkeit schenken und sie richtig pflegen. Tierliebe allein genügt nicht. Es ist wichtig, daß man als zukünftiger Halter die Bedürfnisse der Pfleglinge kennt. So dürfen Sumpfschildkröten nicht auf dem Wohnungsboden herumkriechen, sondern gehören in einen geeigneten Behälter mit einer Umgebung, die der Natur nachempfunden werden sollte. Zöglinge, die artgerecht gehalten werden, können hierzulande relativ alt und sehr groß werden. Das sollte ein verantwortungsbewußter Mensch vor der Anschaffung bedenken. Je nach Herkunft stellen die verschiedenen Arten mitunter stark

Die Höckerschildkröte trägt am Kopf und an den Gliedmaßen auffällig helle und dunkle Streifen und Kringel.

Ältere Kinder lernen schnell, für das Wohl ihrer Pfleglinge zu sorgen.

voneinander abweichende Anforderungen an Unterbringung, Nahrung und Fürsorge. Regelmäßige Pflegearbeiten wie Fütterung und Reinigung sind lebenswichtig und fallen für die Dauer eines ganzen Schildkrötenlebens an.

Kinder und Sumpfschildkröten

Für wirklich artgerechte Haltung ist der Pflegeaufwand sehr viel größer als allgemein angenommen. Kinder eignen sich deshalb als Halter nur bedingt. Es sind Ansprüche an Nahrung und Hygiene, denen die Jüngeren nicht nachkommen können. Zwar sind Kinder in der Regel schnell zu begeistern, wenn es um die Anschaffung eines Tieres geht. Nur läßt die anfängliche Begeisterung im Laufe der Zeit häufig nach oder schlägt um, wenn sich zeigt, daß die Sumpfschildkröte kein Spielkamerad ist. Erklären Sie, daß das Tier bestimmte Bedürfnisse hat, auf die Rücksicht genommen werden muß. Es braucht seine gewohnte Umgebung. Erschütterungen durch Toben, Herausheben aus dem Terrarium und Herumtragen bedeuten großen Streß. Genauso wenig eignet sich das Panzertier zum Streicheln oder für Experimente, die es in Schrecken versetzen. Der falsche Umgang kann zu Krankheit und dem frühen Tod des Pfleglings führen.

Ihr Kind kann aber bei den Pflegearbeiten miteinbezogen werden und viel bei der Beobachtung des gepanzerten Freundes lernen. Wächst es mit Tieren auf, entwickelt es Verantwortung für ein lebendes Wesen. Für die Anschaffung spricht auch, wenn Ihr Kind eine Staub- und Fellaller-

Wichtig!

Sumpfschildkröten sind kein lebendes Inventar, das sich gut im Aquaterrarium, Aquarium oder im Gartenteich macht. Sie brauchen sehr viel Pflege.

gie hat. Wenn Sie nicht wissen, ob die Sumpfschildkröte zu Ihnen paßt: Holen Sie sich Rat bei anderen Schildkröten- freunden. Interessante Kontakte bekommt man über Zeit- schriften, Züchter und Fachhändler oder die Deutsche Ge- sellschaft für Herpetologie und Terrarienkunde (DGHT) e. V.

Rechtliche Beschränkungen

Viele Sumpfschildkröten-Arten sind vom Aussterben be- droht und stehen unter Schutz. Mit gutem Gewissen sollte man deshalb nur Tiere aus legalen Nachzuchten kaufen.

Seit dem internationalen Inkrafttreten des Washingtoner Artenschutzübereinkommens (WA) im Jahr 1975, das den Handel mit bedrohten Tierarten regelt, dürfen viele Tier- arten nicht mehr oder nur mit entsprechenden Genehmi- gungen importiert werden. Die gesetzlichen Schutzbestim- mungen, die das Übereinkommen auf nationaler Ebene umsetzen, ändern sich fortlaufend. Seit 1. Juli 1997 gibt es eine neue Verordnung, die das Washingtoner Artenschutz- übereinkommen in der Europäischen Union umsetzt. Sie regelt die Ein- und Ausfuhr sowie Vermarktung der betroffenen Tier- und Pflanzenarten einheitlich für alle EU-Länder.

Die Panzertiere möchten nicht gestreichelt werden, sondern lieber im Terrarium ihren Bedürfnissen nachgehen.

Besonders schutzbedürftige Arten fallen in den Anhang-A der neuen EU-Artenschutzverordnung. Das ist die Liste der vom Aussterben bedrohten Arten, die nicht gehandelt wer- den dürfen und für die eine CITES-Pflicht besteht. Anhang- B der Verordnung enthält Arten, deren Erhal- tungssituationen gegebenenfalls noch eine kontrollierte Entnahme aus der Natur zulassen. Hierzu zählt bei- spielsweise die Rotwangen- Schmuckschildkröte (Trachemys scripta elegans), für die mittlerweile ein EU-weites Einfuhrverbot gilt. Sie darf schon seit einiger Zeit nicht mehr ohne weiteres nach Deutsch- land importiert werden, da sie eine

Die Elseya-Schildkröte aus Australien ist ein gut haltbarer Terrarienpflegling. Sie kann aber empfindlich beißen.

ökologische Gefahr für hier wildlebende Tierarten darstellt. Mit Inkrafttreten der Regelung vom 1. Juli 1997 ist der Import von Arten der Schutzkategorien A und B ohne vorherige Erteilung einer Einfuhrgenehmigung nicht möglich.

Trotz des Einfuhrverbots sind einige Arten noch im Handel zulässig. Es gibt erfreulicherweise immer mehr Nachzuchten von in Anhang A und B gelisteten Tieren, die weitergegeben werden dürfen. Für Nachzuchten von Anhang-A-Arten ist eine CITES-Bescheinigung erforderlich, die auf Antrag des Züchters bei der Naturschutzbehörde ausgestellt wird. Diese Bescheinigung erwirbt der Halter beim Kauf einer Sumpfschildkröte mit, und sie muß ihm ausgehändigt werden. Darauf stehen u. a. Geburtsdatum und der wissenschaftliche Name des Tiers. Der Käufer erhält damit einen Nachweis über die rechtmäßige Herkunft und Abstammung. Für Anhang-B-Arten ist keine solche Bescheinigung mehr erforderlich. Doch ist unter Umständen der legale Erwerb nachzuweisen.

Wenn Sie vor dem Kauf einer Sumpfschildkröte mehr über die Bestimmungen zur erlaubten Haltung von Reptilien wissen wollen, erteilen das Bundesamt für Naturschutz in Bonn oder die Naturschutzbehörde Auskünfte. Für neu erworbene Tiere und Abgänge (Verkauf oder Tod) von Anhang-A- sowie Anhang-B-Arten gibt es eine Meldepflicht bei der zuständigen Naturschutzbehörde (Regierungspräsidium, Landratsamt oder Stadtverwaltung).

Durch die Bundesartenschutzverordnung genießen alle europäischen Reptilien und damit auch die Sumpf-

Paßt die Sumpfschildkröte zu mir?

- Die Sumpfschildkröte ist kein Spieltier. Ältere Kinder werden Freude beim Beobachten haben. Bestes Kindesalter: ab zehn Jahren, nur mit Unterstützung der Eltern.
- Die Sumpfschildkröte kann 25 – 30 Jahre alt und recht groß werden.
- Die Sumpfschildkröte benötigt eine artgemäße Unterbringung in der Wohnung und je nach Art im Sommer im Freilandteich.
- Die Ausstattung für die Tiere mit Zubehör und Gartenteich ist relativ aufwendig und teuer.
- Die Sumpfschildkröte braucht regelmäßige Fütterung und gründliche Terrarienreinigung.
- Aquarien für wasserlebende Tiere wiegen so schwer, daß geeignete Stellflächen erforderlich sind.
- Der Arbeits- und Pflegeaufwand ist sehr hoch.
- Wenn Sie verreisen, sollte ein verläßlicher Sitter die Pflege für die Sumpfschildkröte übernehmen.
- Stellen Sie sich darauf ein, die Sumpfschildkröte auch bei Krankheit zu pflegen und für die Kosten eines Tierarztes aufzukommen.

Sumpfschildkröten (hier die Zierschildkröte) fühlen sich in natur-
getreuer Umgebung wohl.

schildkröten besonderen Schutz. In der Anlage 1 dieser
Verordnung werden die vom Aussterben bedrohten
Europäischen Sumpfschildkröten *(Emys orbicularis)* und
die Spanischen Sumpfschildkröten *(Mauremys caspica)*
aufgelistet. Auch der Zu- oder Abgang dieser Tiere ist
bei der zuständigen Landesbehörde schriftlich anzu-
melden und der rechtmäßige Erwerb nachzuweisen.

Niemals sollte man Tiere aus dem Urlaubsland mitbrin-
gen. Zuwiderhandlungen werden mit Bußgeld bestraft.
Auch darf kein Tier in freier Wildbahn ausgesetzt werden,
nach Tier- und Naturschutzgesetz wegen Faunenver-
fälschung.

Das Tierschutzgesetz verlangt die artgerechte Haltung
den Bedürfnissen der Tierart entsprechend nach Nahrung,
Pflege, Unterbringung, Bewegung aber auch Bewahren
vor Schaden des Heimtieres. Wenn Sie diesen Forderungen
nachkommen, haben Sie lange Freude an Ihrer Sumpfschildkröte.

Geeignete Arten

Die Sumpfschildkrötenarten variieren sehr, ebenso wie
ihre Haltungsansprüche. Einige sind stark ans Wasser
gebunden und gehen nur zur Eiablage an Land. Andere
sind eifrige Landgänger oder graben sich im Bodenschlamm ein. Die Haltung der Tiere ist nicht ganz einfach.
Sie benötigen ein Aquaterrarium mit Land- und Wasserteilen, die artspezifisch angepaßt werden müssen. Noch
vor der Anschaffung sollte man sich mit den Lebensgewohnheiten vertraut machen und bei der Auswahl genau
beraten lassen.

Relativ gut für Anfänger eignen sich die kleineren Sumpfschildkrötenarten. Einige Arten entwickeln sich nur dann
gut, wenn sie die warmen und sonnigen Monate im Freien
verbringen können. Ein Freilandgehege mit Gartenteich ist
dann die ideale Haltungsmöglichkeit zusätzlich zum Zimmerterrarium.

Welche Sumpfschildkröte soll es sein?

Erkennungsmerkmale

Je nach Gestalt der Hinterfüße vermag man Schlüsse auf die Schwimmfähigkeit und somit auf die Lebensweise einer Sumpfschildkröte zu ziehen. Hält sie sich bevorzugt an Land oder lieber im feuchten Element auf? Landlebende Sumpfschildkröten besitzen paddelförmige, krallenbewehrte Füße mit mäßig ausgebildeten Schwimmhäuten. Der Panzer variiert von flach bis hoch. Tiere, die ausschließlich im Wasser leben, haben einen deutlich flacheren, strömungsgünstigen Panzer. Ihre Schwimmhäute sind stark ausgebildet, was die Tiere zu raschem und geschicktem Schwimmen befähigt.

Sumpfschildkrötenarten

Geht es um die artgerechte Haltung, befaßt man sich am besten mit dem Leben einer Sumpfschildkrötenart in der Natur. Findet das Tier diese Bedingungen auch in menschlicher Obhut wieder, wird es sich prächtig entwickeln. Im folgenden Teil erfahren Sie Wissenswertes über die Herkunft, Lebensweise und besonderen Merkmale der Sumpfschildkrötenarten, zusammen mit knappen Informationen zu den Haltungsansprüchen der jeweiligen Spezies. Dieser Ratgeber beschränkt sich auf Tiere, die bei uns häufig Einzug als Heimtiere halten. Es sind empfehlenswerte Pfleglinge, die gut gedeihen und viel Freude machen – ideal für Einsteiger, die ihre Liebe zu den Sumpfschildkröten erst entdeckt haben, jedoch ohne Anspruch auf Vollständigkeit. Die Pflege von Arten, die in der Haltung schwierig und beim Futter wählerisch sind, können nur erfahrene Spezialisten mit notwendigen Einrichtungen übernehmen. Ausführliche Haltungs- und Pflegeanleitungen bietet die einschlägige Fachliteratur.

Wichtig!

Die nordamerikanische Schnappschildkröte eignet sich nur für Experten, die sie in ausgewachsenem Zustand halten können und wollen. Mit erwachsenen Tieren ist nicht zu spaßen: Einmal entwichen, können sie Mensch und Tier empfindlich beißen.

Hinterfuß einer landlebenden (links) und der einer wasserlebenden Sumpfschildkröte (rechts).

Kurzportraits
Sumpfschildkröten

Gewöhnliche Moschusschildkröte
Kinosternon odoratum

Herkunft: Südost-Kanada bis Mexiko. Lebt in Teichen und Tümpeln.
Größe: 12 cm.
Merkmale: Graubrauner bis schwarzer Rückenpanzer, von Schnauzenspitze bis über und unter dem Auge ein heller Streifen bis zum Hals.
Lebensweise: Versteckt im Schlamm, unter Wurzeln und zwischen Pflanzen, jagt in der Dämmerung, schlechte Schwimmerin.
Verträglichkeit: Einzelhaltung, Unverträglichkeit von Männchen bei Paar- und Gruppenhaltung.
Haltung: Aquaterrarium (130 x 70 x 70 cm), ein Viertel Landteil, gut strukturierter Wasserteil mit Ausstiegshilfe, Wasserstand bis 20 cm, Boden mit griffigem Belag, kein Wärmespot nötig, Sommer im dicht bepflanzten Gartenteich möglich.

Temperatur: Wasser ca. 20 – 25 °C, Luft 24 – 30 °C.
Nahrung: Tierische Kost, Futtervorliebe für Schnecken.
Winterruhe: Keine.
Ähnlich zu pflegen: Kleine Moschusschildkröte *(Kinosternon minor)*, Dach-Moschusschildkröte *(Kinosternon carinatum)*, Klapp-Sumpfschildkröte *(Kinosternon subrubum)*.

Zierschildkröte
Chrysemys picta

Herkunft: USA, Ost-Texas und Südost-Missouri. Lebt in langsamen Fließgewässern, Seen oder Teichen.
Größe: 15 cm.
Merkmale: Auffallend glatter Rückenpanzer, Unterrand mit schwarz-roter Zeichnung.
Lebensweise: Tagaktiv, Futtersuche und Sonnenbäder im Wechsel, sehr schwimmfreudig.
Verträglichkeit: Gruppenhaltung möglich.

Haltung: Aquaterrarium (130 x 70 x 70 cm), Wasserstand 40 – 60 cm, Landteil und Wärmespot 35 °C, von Mai bis September im Gartenteich.
Temperatur: Wasser und Luft 23 – 26 °C, Jungtiere Wasser und Luft 28 °C.
Nahrung: Tierisch, mit zunehmendem Lebensalter auch pflanzlich.
Winterruhe: Empfehlenswert, bei 4 – 8 °C.
Besonderes: Neigt zu Verpilzungen. Zum Vorbeugen Speisesalz (2 g/l) ins Becken geben.
Ähnlich zu pflegen: Rückenstreifen-Zierschildkröte *(Chrysemis picta dorsalis)*, braucht es etwas wärmer (28 °C). Europäische Sumpfschildkröte *(Emys orbicularis)*, wegen der Größe von bis zu 25 cm ist sie besser geeignet für erfahrene Liebhaber. Hält Winterschlaf.
Achtung: Streng artengeschützt!

Rotwangen-Schmuckschildkröte
Trachemys scripta elegans

Herkunft: Süd-USA. Lebt in ruhigen Fließgewässern, krautreichen Seen oder Teichen.
Merkmale: Roter Streifen hinter dem Auge.
Größe: Bis 30 cm.
Lebensweise: Tagaktiv, sehr lebhaft, Sonnenanbeterin.
Verträglichkeit: Gut, Gruppenhaltung möglich, alte Tiere gelegentlich aggressiv.
Haltung: Aquaterrarium (für erwachsene Tiere groß gestalten) mit Landteil, Wärmespot 35 °C auf Landteil gerichtet, Mai bis Oktober Gartenteich, Wassertiefe 40 – 60 cm.
Temperatur: Wasser und Luft 24 – 28 °C.
Nahrung: Jungtiere überwiegend tierisch, Erwachsene auch pflanzlich.
Winterruhe: Ja, bei 8 – 10 °C, aber nicht im Gartenteich.

Hinweis: Besser geeignet für Erfahrene, pflegeintensiv wegen starker Wasserverschmutzung bei erwachsenen Tieren, benötigt viel Platz.
Ähnlich zu pflegen: Gelbwangen-Schmuckschildkröte *(Trachemys scripta scripta)*, bis 25 cm groß, und Hieroglyphen-Schmuckschildkröte *(Pseudemys concinna hieroglyphica)*, bis 40 cm groß. Mississippi-Höckerschildkröte *(Graptemys kohnii)*, Größe ♂ 12 cm, ♀ bis 25 cm, eventuell Winterruhe, Verhalten beobachten.

Schwarze Schnappschildkröte
Chelydra serpentina

Herkunft: Süd-Kanada, Ost-USA, Mexiko. Lebt in Flüssen, Seen, Sümpfen und Wassergräben.
Größe: Bis 50 cm.
Merkmale: Brauner bis schwarzer Rückenpanzer, drei Längskiele, hinten grob gesägt, kleiner Bauchpanzer, massiger Kopf mit papageienartigem Oberkiefer, extrem langer Schwanz.
Lebensweise: Tagaktiv, gräbt sich gerne im Schlamm ein, schlechte Schwimmerin.
Verträglichkeit: Einzelhaltung oder Gruppe mehrerer Weibchen, Männchen untereinander unverträglich.
Haltung: Nur als Jungtier in sehr großem Aquaterrarium mit Landteil und Sonnenplatz (30 – 35 °C), für ältere Tiere nur Freilandhaltung im pflanzenreichen und mindestens 80 cm tiefen Teich mit Schlammschicht und Ausstiegshilfe möglich.

Temperatur: Wasser und Luft 20 – 25 °C.
Nahrung: Tierische Kost, gelegentlich Wasserpflanzen.
Winterruhe: Keine.
Ähnlich zu pflegen: Großkopf-Schildkröte, *Platysternon megacephalum*, Größe 18 – 20 cm, Ausbruchskünstler, braucht viele Verstecke.

Mittelkiel, dunkler Kopf mit gelbem Längsband bis zur Schnauzenspitze.
Lebensweise: Tagaktiv, schwimmt
schlecht.
Verträglichkeit: Paarhaltung
möglich, mit viel Platz für Weibchen, da die Männchen sie
in der Paarungszeit dau-
ernd belästigen, eventuell
Geschlechter trennen.
Haltung: Geräumiges
Aquaterrarium (130 x 70 x
70 cm) mit großem Land-
und Wasserteil,
Kletterhilfe und Wärme-
strahler 35 ° C, Freilandhaltung im Teich nur an warmen Sommertagen.

Amboina-Scharnierschildkröte
Cuora amboinensis

Herkunft: Südostasien. Lebt dort in Flüssen,
Sümpfen, Kanälen, flachen Tümpeln, Reisfeldern.
Größe: 20 cm.
Merkmale: Dunkelbrauner, hochgewölbter
Rückenpanzer, ältere Tiere mit undeutlichem

Temperatur: Wasser 28 °C (nicht unter 22 °C),
Luft 28 – 30 °C.
Nahrung: Vorwiegend Pflanzen, gelegentlich
tierische Kost.
Winterruhe: Keine.

Rotbauch-Spitzkopfschildkröte
Emydura albertisii

Herkunft: Neuguinea, Australien. Lebt dort in
Flüssen, Seen, Teichen.
Größe: Bis 30 cm.
Merkmale: Flacher, dunkelbrauner bis schwarzer
Rückenpanzer, roter Bauchpanzer, schwarzer Kopf,
von Schläfen über Auge bis Schnauzenspitze
breiter, gelber Streifen.
Lebensweise: Lebhaft,
schwimmt viel.

Verträglichkeit: Gut, Gruppenhaltung möglich.
Haltung: Geräumiges Aquaterrarium mit großem
Wasser- und Landteil, Wärmespot 35 °C, Mai bis
Oktober im Gartenteich, 40 – 60 cm Wassertiefe.
Temperatur: Wasser 24 – 26 °C, Luft 26 – 28 °C.
Nahrung: Vorwiegend tierisch.
Winterruhe: Keine.
Zucht: Sehr produktiv.
Eignung: Einfache Haltung für Erfahrene, die
dieser Sumpfschildkröte viel Platz bieten können.
Ähnlich zu pflegen: Elseya-Schildkröten
(*Elseya dentata* und *Elseya
novaegunieae*).

Chinesische Dreikielschildkröte
Chinemys reevesii

Herkunft: Mittleres und Südost-China, in Japan eingeführt. Lebt in ruhigen Flüssen, flachen, pflanzenreichen Seen, Teichen, Tümpeln und Wassergräben.
Größe: 18 cm, Männchen 18 – 20 cm, Weibchen bis 15 cm.
Merkmale: Bräunlicher bis schwarzer Rückenpanzer mit drei Kielen, dunkle Weichteile mit hellen Linien hinter dem Auge und am Hals.
Lebensweise: Tagaktiv, lebhaft, sonnt sich gerne, schlechte Schwimmerin.
Verträglichkeit: Gruppenhaltung möglich, Männchen untereinander unverträglich.
Haltung: Geräumiges Aquaterrarium (130 x 70 x 70 cm) mit Landteil und Wärmestrahler 35 °C, Mai bis September im pflanzenreichen Freilandteich mit Ausstiegshilfe.
Temperatur: Wasser und Luft 20 – 25 °C.
Nahrung: Tierische Kost.
Winterruhe: Möglich bei 8 – 10 °C, zur Zucht nötig.
Besonderheit: Gräbt sich manchmal mitten im Sommer ein.

Australische Schlangenhalsschildkröte
Chelodina longicollis

Herkunft: Ost-Australien. Lebt in langsamen Fließgewässern, vor allem aber in Sümpfen.
Größe: 20 cm.
Merkmale: Flacher, glatter, dunkelbrauner Rückenpanzer, Oberseite Beine und langer Hals dunkelgrau, Kopfunterseite, Hals und Weichteile gelblich bis hellgrau.
Lebensweise: Tagaktiv, lebhaft, eifrige Schwimmerin, sonnt sich gerne.
Verträglichkeit: Gruppenhaltung möglich, in der Paarungszeit Verträglichkeit prüfen.
Haltung: Geräumiges Aquaterrarium (130 x 70 x 70 cm), 40 – 60 cm Wassertiefe, mit sandgefülltem Landteil und Wärmestrahler 35 °C, Mai bis September im pflanzenreichen Freilandteich.
Temperatur: Wasser und Luft 25 – 27 °C.
Nahrung: Ausschließlich tierische Kost, Fisch, Krebse, Schnecken.
Winterruhe: Möglich, aber nicht nötig.

Chinesische Sumpfschildkröte
Mauremys mutica

Herkunft: Vietnam, Süd-China, Taiwan, Japan und Riu-Kiu Inseln. Lebt in Teichen, Tümpeln, Sümpfen und Waldbächen.
Größe: 18 cm.
Merkmale: Brauner Rückenpanzer mit drei schwarzen Längskielen, der mittlere am stärksten ausgeprägt, orange bis gelber Bauchpanzer, gelbes Längsband an den Schläfen, das hinter dem Auge beginnt.
Lebensweise: Tagaktiv, lebhaft, eifrige Landgängerin.
Verträglichkeit: Gruppenhaltung möglich, Männchen meist unverträglich und paarungswütig.
Haltung: Geräumiges Aquaterrarium (130 x 70 x 70 cm), 40 bis 60 cm Wassertiefe, Landteil und Wärmestrahler 35 °C, Mai bis September im pflanzenreichen Freilandteich.
Temperatur: Wasser und Luft 25 – 28 °C.
Nahrung: Tierische und pflanzliche Kost.
Winterruhe: Keine.
Ähnlich zu pflegen: Kaspische Sumpfschildkröte *(Mauremys caspica)*, Spanische Sumpfschildkröte *(Mauremys leprosa)*.

Zackenerdschildkröte
Geoemyda spengleri

Herkunft: Südchina, Vietnam, Indonesien, Malaysia, Thailand. Lebt in feuchten, tropischen Bergwäldern.
Größe: 15 cm.
Merkmale: Flacher, länglicher und brauner Rückenpanzer, hinten stark gezackt, mit Mittelkiel und zwei seitlichen Kielen, bräunlicher Kopf, hakenförmiger Schnabel. Jungtiere und Weibchen an Kopf und Hals gelbe Längsbänder.
Lebensweise: Tagaktiv, lebhaft, landlebend, badet gerne, lebt versteckt.
Verträglichkeit: Einzelhaltung, höchstens paarweise oder mehrere Weibchen möglich, mehrere Männchen sind unverträglich.
Haltung: Geräumiges Waldterrarium, Boden unbeheizt mit feucht zu haltendem Erde-Torf-Gemisch, üppige Bepflanzung, viele Verstecke, unbedingt für jedes Tier ein Wasserbecken anbieten.
Temperatur: Wasser und Luft 20 – 25 °C.
Nahrung: Tierische Kost. Fütterung heikel, da bei der Art Lebendfutter, wie Würmer, Schnecken und junge Nagetiere, beliebt ist. Tier nimmt ungern bewegungsloses Futter an und verzehrt gelegentlich weiches, süßes Obst.
Winterruhe: Im Winter für einige Wochen das Terrarium auf 8 – 10 °C absenken.
Ähnlich zu pflegen: Indische Dornschildkröte *(Pyxidea mouhouti)*, benötigt Sonnenplatz 25 °C; Carolina-Dosenschildkröte *(Terrapene carolina)*, benötigt Sonnenplatz, Wärmestrahler 25 – 30 °C und tiefen, feuchten Bodengrund; Schmuck-Dosenschildkröte *(Terrapene ornata)*, benötigt Sonnenplatz, Wärmestrahler 35 °C, relativ trockenes Biotop; Gelbrand-Scharnier-schildkröte *(Cuora flavomarginata)*, ist sehr wasserliebend, benötigt dennoch großen, tiefen Landteil und Sonnenplatz 30 °C; Waldbach-Schildkröte *(Clemmys insculpta)* wie Carolina-Dosenschildkröte.

Malaysische Dornschildkröte
Cyclemys tscheponensis

Herkunft: Indien, Vietnam, Süd-China, Indonesien, Philippinen. Lebt in Tümpeln, Sümpfen, überschwemmten Gebieten und Waldregionen.
Größe: 25 cm.
Merkmale: Flacher, dunkelbrauner Rückenpanzer mit Rückenkiel, hinten gesägt, Kopf dunkelbraun, bräunlich-orangefarbene Längsstreifen am Hals.
Lebensweise: Tagaktiv, lebhaft, stark ans Wasser gebunden, vergräbt sich gern an Land.
Verträglichkeit: Gruppenhaltung möglich, Verträglichkeit von Männchen prüfen!

Haltung: Geräumiges Aquaterrarium (130 x 70 x 70 cm) mit größerem Landteil (feuchtes Substrat) und Wärmestrahler 35 °C, Mai bis September im pflanzenreichen Freilandteich mit Ausstiegshilfe.
Temperatur: Wasser und Luft 25 – 28 °C.
Nahrung: Tierische Kost, hin und wieder ein wenig Obst, Wasserpflanzen, Salat.
Winterruhe: Keine.
Ähnlich zu pflegen: Malaysische Dornschildkröte *(Cyclemys dentata)*.

Klappbrust-Pelomedusenschildkröte
Pelusios castaneus

Herkunft: West-Afrika über Zentral-Afrika, Kapverden. Lebt in Flüssen, flachen, pflanzenreichen Tümpeln, in schlammigen Uferbereichen.
Größe: 25 cm.
Merkmale: Flacher, dunkelgrauer bis brauner Rückenpanzer, brauner Kopf mit Netzmuster an Oberseite.
Lebensweise: Dämmerungsaktiv, lebhaft, gräbt sich gern ein, keine Sonnenanbeterin.

Verträglichkeit: Gruppenhaltung möglich, Verträglichkeit von Männchen prüfen!
Haltung: Geräumiges Aquaterrarium (130 x 70 x 70 cm) mit geringem Wasserstand, Landteil und Wärmestrahler 35 °C, im pflanzenreichen Freilandteich mit Ausstiegshilfe und Landteil nur im Sommer.
Temperatur: Wasser und Luft 26 bis 28 °C.
Nahrung: Tierische Kost, Fische, Schnecken. Gierig, deshalb einzeln füttern.
Winterruhe: Keine.

Einzel-, Paar- oder Gruppenhaltung

Sumpfschildkröten sind von Natur aus Einzelgänger. Wenn Sie mehrere Tiere halten wollen: Verträgliche Arten können paarweise oder in Gruppen zusammenleben, wenn genügend Raum für Rückzug und Eiablage geboten wird. Ist eines der beiden Tiere unverträglich, führt das zu Beißereien. Damit keine Weibchen dauerhaft von Männchen belästigt werden, hält man richtiger ein Männchen und zwei Weibchen.

Noch friedlicher leben die Tiere in zwei Anlagen, in denen sich die Geschlechter aus dem Weg gehen können. Leben dauerhaft mehrere Männchen zusammen, kann es zu starker Unterdrückung einzelner Tiere kommen. Im Extremfall führt das zu Leiden, Schäden und Tod. Vermischen Sie die Rassen nicht, um eine Bastardisierung zu vermeiden. Besser, man vergesellschaftet nur Arten, die dieselben Ansprüche an die Haltung stellen.

Zackenerdschildkröten hält man richtiger nur paarweise.

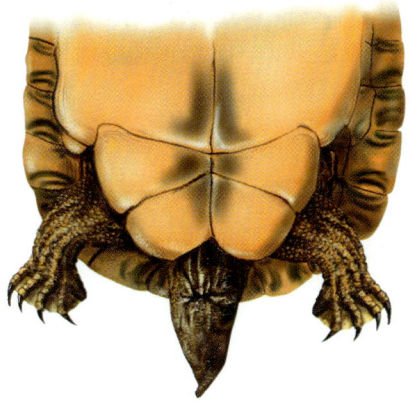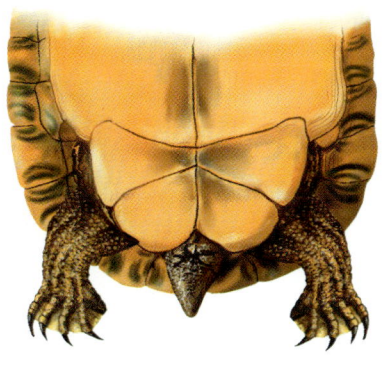

Geschlechtsunterschiede

Bei Babys und Jungtieren ist die Unterscheidung Männchen/Weibchen recht schwierig, bei größeren Tieren ist das kein Problem. Sumpfschildkröten haben nur eine Körperöffnung an der Schwanzunterseite. In dieser Kloake münden die Ausgänge der Verdauungs-, Harn- und Geschlechtsorgane. In der Kloake liegt bei den Männchen das Begattungsorgan. Deshalb ist der Schwanz im Ansatz meistens kräftiger und deutlich länger, der Bauchpanzer ist oft leicht konkav. Bei den Weibchen ist der Bauchpanzer flacher und der Schwanz kürzer. Die Männchen vieler Schmuck-, Zier- und Höckerschildkrötenarten haben stark verlängerte und gerade Krallen, die eine wichtige Rolle bei der Balz spielen und nicht gekürzt werden dürfen.

Tips für die Anschaffung

Woher bekommt man Sumpfschildkröten?

Gesunde Sumpfschildkröten erwirbt man am besten vom erfahrenen Züchter oder aus dem Zoofachhandel. Darauf sollte man achten:

- Gute Beratung.
- Die Herkunft der Tiere läßt sich nachvollziehen. Denken Sie beim Kauf geschützter Arten an die Übergabe der Zucht-Bescheinigung.

Die Geschlechtsunterschiede sind deutlich erkennbar: links das Männchen und rechts das Weibchen der Zierschildkröte.

Wichtig!

Beim Fühlen der Festigkeit von Rücken- und Bauchpanzer darf man das Tier nie zu stark drücken. Vor allem bei Jungtieren ist der Panzer noch elastisch.

Ein gesundes Tier ist lebhaft und wehrt sich heftig beim Hochnehmen (hier die Chinesische Dreikielschildkröte).

Gesundheits-Checkliste

- Das Tier bewegt sich normal? Es zeigt keine Schieflage beim Schwimmen und Tauchen.
- Das Tier ist vital? Es zeigt heftige Abwehrbewegung beim Hochnehmen. Auf den Rücken gelegt, dreht es sich schnell in Normallage.
- Der Panzer ist fest und glatt? Bei Jungtieren ist der hintere Teil elastisch.
- Die Hornplatten sind fest und unversehrt?
- Die Sumpfschildkröte hat keine sichtbaren offenen Verletzungen, tiefe Schnitte oder Risse, auch nicht am Bauch und an den Seiten.
  Kleine Schönheitsfehler und verheilte Kerben dürfen sein.
- Die Haut ist nicht borkig und fleckig.
- Es ist kein Ungeziefer vorhanden (Egel oder Milben).
- Die Augen sind geöffnet, glänzend und ohne Sekret.
- Das Näschen ist frei von Sekret, die Atmung geräuschlos.

Die richtige Größe

Kleine Sumpfschildkröten sind anfällig für Krankheiten und nehmen Haltungsfehler schnell übel.

Hinweise für den Kauf

- Erkundigen Sie sich vor der Anschaffung, ob es sich bei der Wahl um ein geschütztes Tier handelt und der Erwerb erlaubt ist.
- Entscheiden Sie sich für ein möglichst lebhaftes Tier, das mit gutem Appetit frißt, und wählen Sie nicht aus Mitleid einen teilnahmslosen Pflegling, der möglicherweise krank ist.
- Kaufen Sie keine Sumpfschildkröte, die gerade erst aus dem Winterschlaf erwacht ist. Vielleicht wurde Sie mit einem leichten Gesundheitsschaden eingewintert, was sich erst einige Wochen nach dem Erwachen richtig zeigt.

Eine gesunde Sumpfschildkröte erkennen

Übereilen Sie nichts bei der Wahl der Sumpfschildkröte. Beobachten Sie sie genau und achten dabei auf folgende Dinge (siehe Kasten links), damit Sie kein krankes Tier erwerben.

Heimtransport

Bitten Sie den Fachhändler, Sie mit dem Handling der Sumpfschildkröte vertraut zu machen. Bringen Sie ein wasserlebendes Tier in einem trockenen Behälter nach Hause, um Verdunstungskälte zu vermeiden. Halten Sie es dabei fern von Kälte, Regen oder Sonne. Werden Sumpfschildkröten in wassergefüllten Gefäßen transportiert, besteht die Gefahr des Ertrinkens.

Für kürzere Transporte empfiehlt sich ein Transportbeutel aus derbem, luftdurchlässigem Leinenstoff. Der Holz- oder Plastikbehälter ist mit einer Schaumgummimatte gepolstert. Der Transfer klappt problemlos, wenn das neue Quartier sofort bezogen werden kann. Halten Sie andere Sumpfschildkröten, sollten Sie an eine Quarantäne für den Neuzugang denken.

„Bitte trage mich nicht herum. Ich möchte lieber Sonne tanken und mich in meiner gewohnten Umgebung aufhalten."

Regeln fürs Hochnehmen und Tragen

- Greifen Sie niemals unvermutet zu. Die schnelle Annäherung versetzt das Tier in Panik.
- Bei ruhigen Tieren mit beiden Händen seitlich den Panzer umschließen, Daumen am Rücken, die übrigen Finger am Bauch.
- Sumpfschildkröten, die beißfreudig sind, ergreift man am hinteren Panzerdrittel, nicht in der Mitte.
- Absturzgefahr droht den Tieren von der flachen Hand.
- Die Sumpfschildkröte nicht zu oft in die Hand nehmen. Nur in Ausnahmefällen auf den Rücken drehen, denn das bedeutet Streß.
- Nach dem Handling Hände waschen.

So ergreift man seine Sumpfschildkröte, ohne gebissen zu werden.

Haltung und Pflege

*Sumpfschildkröten sind pflegeintensive Terrarientiere. Für Aqua-
terrarium, Zubehör und Pflege gibt es Mindestanforderungen.
Mit diesem Wissen und einigem Aufwand, vor allem aber mit
Einfühlungsvermögen und Mithilfe der ganzen Familie kann
man erfolgreich Sumpfschildkröten halten.*

Das Sumpfschildkröten-Quartier

Die Sumpfschildkröten zählen zu den Wechselwarmen,
deren Lebensfunktionen in erster Linie von den Umweltbedingungen abhängen und die für eine gute Aktivität die
Wärme aus der Umgebung aufnehmen müssen. Daraus
ergeben sich eine Vielzahl an Haltungsansprüchen, die
unbedingt zu beachten sind, wenn Sie sich lange am ge-
liebten Heimtier erfreuen möchten. Für erfolgreiche Pflege
und Zucht ist deshalb eine artgerechte Unterbringung notwendig. Dabei sollte den völlig verschiedenen Ansprüchen
der Arten Rechnung getragen werden. Es gibt Sumpfschildkröten, die gern und viel an Land weilen, andere
leben im Wasser und suchen
den Landteil nur zur
Eiablage auf.

Rückenstreifen-Zierschildkröten
mögen gute Sonnenplätze.

Alles im Blick: Gute Pflanzendeckung zum Spähen.

Arten, die die meiste Zeit umherschwimmen, wird man nur mit einem großen Aquarium gerecht, am besten eines mit Ablaßventil, um die Reinigung zu erleichtern.

Optimal ausgerüstet ist das Heim erst mit Verstecken für die Nacht und Klimatisierung. Fast alle Arten benötigen Strahlungswärme, da die Reptilien ihre Körpertemperatur nicht selbständig regulieren und auf Wärmezufuhr von außen angewiesen sind. Das ist besonders wichtig für die Pflege der wärmeliebenden Tiere in unseren Breiten, in denen die Sonnentage gezählt sind. Das Klima im Aquaterrarium/Aquarium kann je nach Tages- und Jahreszeit variieren. Luft- und Wassertemperatur, Luft- und Bodenfeuchtigkeit sowie Beleuchtung müssen den Anforderungen der Art entsprechen. Für ausreichende Frischluftzufuhr sind Belüftungseinrichtungen unverzichtbar. Um starken Klimaschwankungen vorzubeugen, kann man das Quartier mit verschiebbaren, UV-durchlässigen Kunststoffplatten abdecken. Niemals darf die technische Einrichtung eine Gefahrenquelle darstellen.

Richtige Standortwahl

Am günstigsten steht das Aquaterrarium oder Aquarium in einem lichtdurchfluteten Zimmer. Bekommt die Sumpfschildkröte die natürliche Tageslänge je nach Jahreszeit mit, wirkt sich das positiv auf die Einstimmung zur Winterruhe oder Paarung aus. Im künstlichen Lebensraum sollte das Tageslicht durch ausreichend Beleuchtung ersetzt werden. Zu bedenken ist, daß schwere Aquarien be-

In einem großen Stellaquarium haben mehrere Tiere Platz zum Schwimmen.

Dreizehen-Dosenschildkröten fühlen sich in einem Waldterrarium mit feuchtem Boden am wohlsten.

sondere Anforderungen an die Statik im Haus stellen. Für das Wohl des Pfleglings ist das Quartier gegen ungünstige Verhältnisse zu schützen, deshalb darf der Standort niemals am Fenster oder Boden gewählt werden. Dort besteht Zugluftgefahr. Die Sumpfschildkröte fühlt sich an einem ruhigen Ort wohl, fern von den Schwingungen durch Radio, Kühlschrank oder Waschmaschine.

Aquaterrarium für Sumpfschildkröten

Zubehör
Wasserdichtes Aquaterrarium: Aus Glas, mit verschiebbarer, abnehmbarer Abdeckung zur Belüftung, Temperaturregelung und fest installiertem Landteil.

Tier schwimmt nicht gern: Entweder eine Blumenschale oder ein kleiner Kunststoff-Fertigteich aus dem Aquarienhandel, der stufig abfällt. Den Tieren Ausstiegshilfen wie Trittsteine oder Moorkienholzäste anbieten.

Tier schwimmt gern und viel: Aquarium mit großem Wasserteil (mindestens 2/3 der Grundfläche) und Rampe als Ausstieg oder ein Wasserteil mit langsam ansteigendem Ufer, damit das Tier auch im flachen Wasser liegen kann. Ein abgetrennter, trockener Landteil sollte zur Verfügung stehen. Ein integrierter Abfluß erleichtert die Reinigung.

Heizmittel: Ein bruchsicherer Aquarienheizstab für das Wasser, Wärmespot 60 bis 100 Watt.

Thermometer: Mit Saugnapf oder Klebestreifen außer Reichweite der Sumpfschildkröte anbringen.

UV-Licht: Strahler 300 Watt.

Terrarienbeleuchtung: Leuchtstoffröhre, Spotstrahler.

Berechnung der Mindestgröße für Terrarien

Die Panzerlänge mit der Zahl Fünf multiplizieren.
Beispiel:
Panzerlänge 20 cm x 5 = 100 cm, Breite 50 cm, die Grundfläche beträgt demnach 100 cm x 50 cm = 0,50 m² pro erwachsene Sumpfschildkröte.

Aquaterrarium

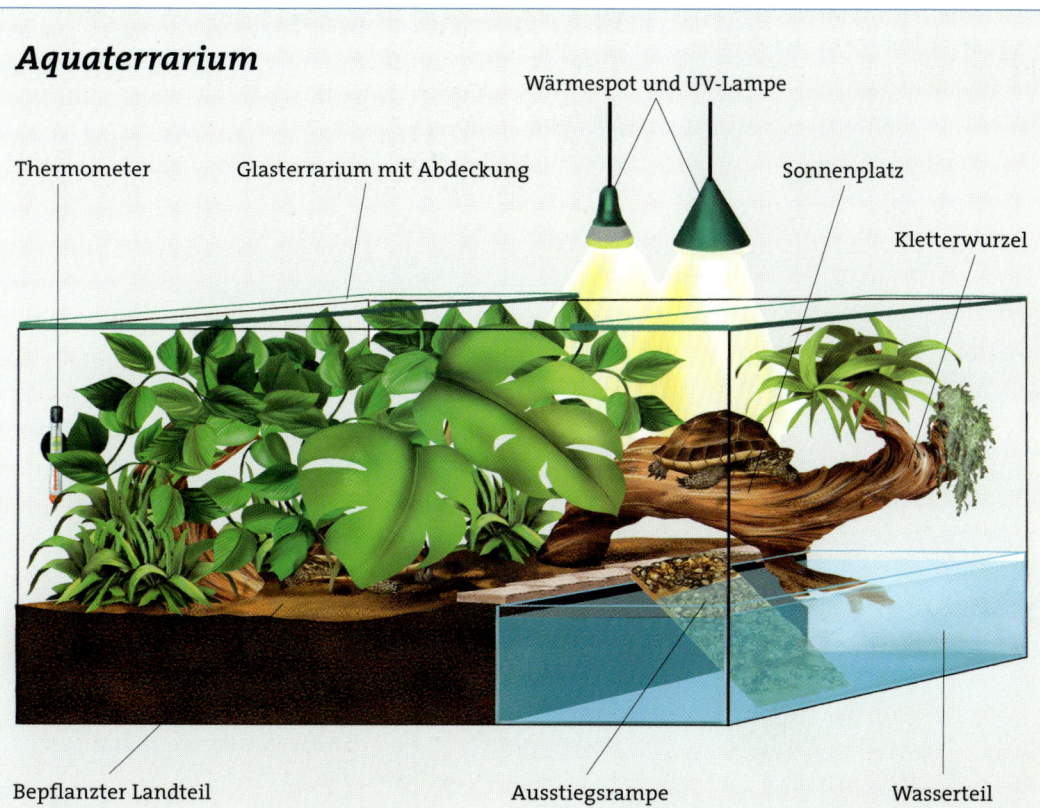

Wärmespot und UV-Lampe

Thermometer

Glasterrarium mit Abdeckung

Sonnenplatz

Kletterwurzel

Bepflanzter Landteil

Ausstiegsrampe

Wasserteil

Gestaltung

Landteil: Fest eingehängt oder im Aquarien-becken Glasscheiben schräg einkleben. Am besten ist er über eine Rampe vom Wasser aus zu erreichen und die Tiere können trocken sitzen. Als Bodengrund empfiehlt sich ein leicht feuchtes Erde-Torf-Gemisch, etwa eine Panzerlänge hoch aufgefüllt. Als Versteck und Sonnenplatz ordnet man Steine und Wurzeln an. Die Tiere dürfen sich nicht verklemmen.

Kleinklima: Die Luft sollte nicht geringer als das Wasser temperiert werden (siehe Kurzportraits), um das Risiko einer Erkältung zu vermindern, wenn die Sumpfschildkröte nach dem Bad

an Land geht. Die Thermometer lassen sich mit Saugnapf oder Klebestreifen außer Reichweite der Tiere anbringen.

Wärmespot: Er ist für die Tiere ideal zum Abtrocknen und und sorgt für eine optimale Erwärmung auf 35 °C. Weißlicht ist Rotlicht vorzuziehen, da die Tiere helles Licht mit Sonne assoziieren.

UV-Bestrahlung: Erwachsene und Jungtiere einmal 15 Minuten täglich. Am besten mit einer elektrischen Zeitschaltuhr. Der Abstand zum Tier sollte mindestens 100 cm betragen, um Verbrennungen vorzubeugen.

Die Rotwangen-Schmuckschildkröten sind temperamentvolle Tiere,
die gerne zum Sonnenbaden an Land
kommen.

Aquarium für vielschwimmende Arten

Zubehör

Aquarium: Bei Anschaffung von kleinen Sumpfschildkröten sollte man die Endgröße der Tiere bedenken. Zur Wasserreinigung bietet sich eine Aquarienfilterpumpe an, jedoch mit dem Vielfachen der Pumpen- und Filterleistung bei gleichgroßen Aquarien für Fische.

Landteil: Eine Glas- oder Kunststoff-Wanne zum Einhängen, eine Ausstiegsrampe mit griffigem Belag (Kork, Kunstrasen).

Sonnenplatz: Korkinsel, Moorkienwurzel oder ein großer Stein.

Bepflanzung: Epiphytenstamm, lose schwimmende Elodea-Büschel.

Heizmittel: Für die richtige Wassertemperatur sorgt eine Filteranlage mit integriertem, thermostatgesteuertem Heizsystem oder ein vor Bruch gesicherter Aquarienglasheizer, ein Wärmespot (60 bis 100 Watt) für Wärme an der Luft.

Thermometer: Mit Saugnapf oder Klebestreifen außer Reichweite der Tiere anbringen.

UV-Licht: Strahler 300 Watt.

Aquarienbeleuchtung: Leuchtstoffröhre, Spotstrahler.

Freianlage für Sumpfschildkröten

Sumpfschildkröten bewegen sich gern und viel. Bei landlebenden Arten überwiegt natürlich der gut strukturierte Landteil mit krautigem Gras, Wurzeln und einem Stamm. Tiere, die gut und viel schwimmen, können dazu in menschlicher Obhut im Freien nur einen ausbruchsicher eingefriedeten Gartenteich nutzen. Für die Zeit in der Sommerfrische muß es allerdings im Garten warm sein, damit dort ausgiebig Sonne getankt werden kann. Dabei sind Verstecke und gute Ausstiegsmöglichkeiten sehr wichtig, so daß die Sonnenplätze leicht erreicht werden können. Geschlechtsreife Tiere benötigen zur Eiablage einen Landteil. Für temperaturempfindliche Sumpfschild-

Wichtig!

Für den richtigen Wasserstand im Aquaterrarium oder Aquarium multipliziert man die Panzerbreite einfach mit der Zahl Zwei, damit die Tiere nicht ertrinken. Vielschwimmer (s. Kurzportraits) mögen eine Wassertiefe von 40–60 cm.

Aquarium

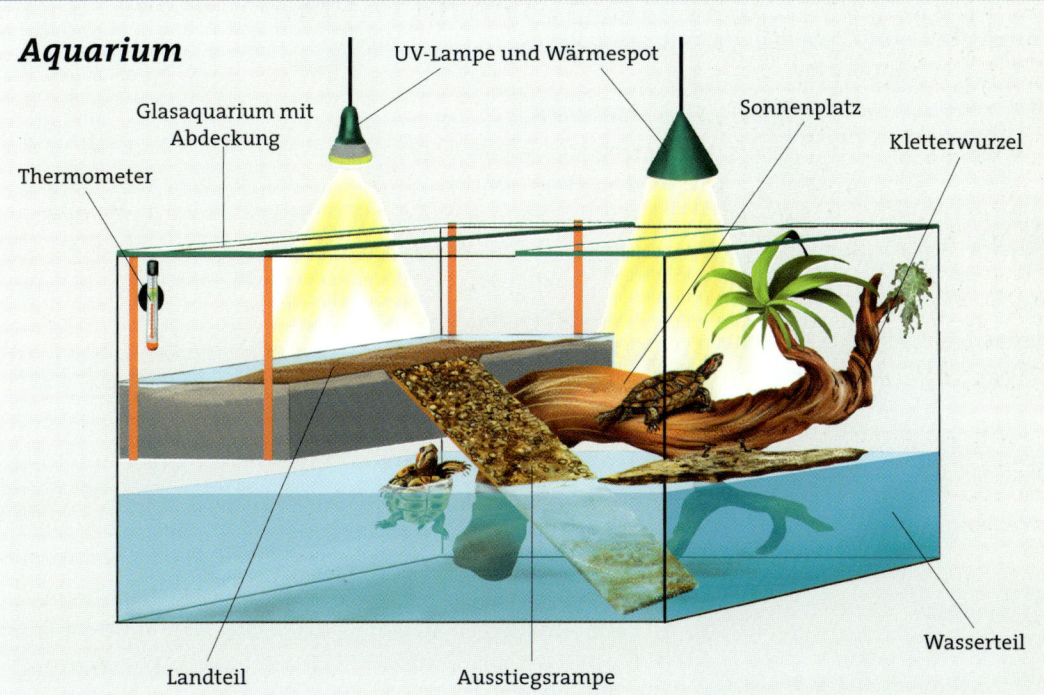

UV-Lampe und Wärmespot

Glasaquarium mit Abdeckung

Sonnenplatz

Kletterwurzel

Thermometer

Landteil

Ausstiegsrampe

Wasserteil

Gestaltung

Aquariengrund: Zur leichteren Reinigung ist auf Sand und Kies am Aquariengrund zu verzichten. Zur Entspiegelung des Bodens klebt man eine Schiefer- oder Korkplatte oder kleine Steine mit Aquariensilikon fest. Große Trittsteine werden besser rutschfest installiert.

Landteil als Eiablageplatz: Eine Wanne mit Bodenfüllung (Sand-Kies-Gemisch) einhängen, die griffige Lauframpe reicht ins Wasser und erleichtert den Ausstieg.

Korkinsel: Sie ist zum Sonnenbaden fest verankert.

Unterwasserversteck: Eine Moorkienwurzel bietet gute Schlupfwinkel. Gern wird von den Tieren auch der Bereich unter dem eingehängten Landteil genutzt. Sie müssen dort Luft holen können, sonst besteht die Gefahr des Ertrinkens.

Bepflanzung: Um ein Abweiden zu vermeiden, bringt man Pflanzen besser unerreichbar an oder dekoriert das Aquarium von außen.

Kleinklima: Die Luft sollte nicht geringer als Wasser temperiert werden (siehe Kurzportraits), um das Risiko einer Erkältung zu vermindern, wenn die Sumpfschildkröte nach dem Bad an Land zurückkehrt. Die Thermometer hängen mit Saugnapf oder Klebestreifen außer Reichweite der Tiere.

Wärmespot: Er sorgt dafür, daß sich die Sumpfschildkröte auf optimale 35 °C erwärmen kann. Weißlicht ist Rotlicht vorzuziehen, da die Tiere helles Licht mit Sonne assoziieren.

UV-Bestrahlung: Erwachsene und Junge einmal 15 Minuten täglich. Am besten mit einer elektrischen Zeitschaltuhr. Der Abstand zum Tier sollte mindestens 100 cm betragen, um Verbrennungen vorzubeugen.

Die Europäische Sumpfschildkröte
wird bis zu 25 cm groß und ist deshalb besser für erfahrene Liebhaber
geeignet.

Ideale Freianlage für Sumpfschildkröten mit Frühbeet.

Tip!

*Alternative Unterbringung:
Eine große Wanne aus Edelstahl
(kein Zink!) mit Abfluß und
Pumpe, ein Landteil als Anbau
aus Holz mit schrägliegenden
Ausstiegsrampen bietet sich
für großwerdende
Arten an.*

kröten eignet sich in der Übergangszeit ein Freilandteich
im Frühbeet.

Zubehör

Gehege: Holzpalisade, glatte Platten aus Eternit, Beton
oder Naturstein als Mauerwerk. Gitter- oder Drahtzäune
dürfen wegen der Unfallgefahr für die Tiere nicht als Einfriedung verwendet werden.
Teich: Folienteich oder festes Polyester-Becken aus dem
Garten-Center.
Bepflanzung: Gut eignen sich Sumpfpflanzen wie Rohr-
kolben, Schilf, Binsen, Kalmus, Sumpfcalla, Fieberklee
und Sumpfdotterblume.
Sonnenplätze und Verstecke: Wurzeln, Steine, ein Baum-
stamm und überhängender Bewuchs.
Wärmequelle: Wärmespeichernde Steinplatten und/oder
ein Wärmestrahler.
Frühbeet: Das Glashaus wird als Bausatz in Baumärkten
angeboten. Für ausreichend Belüftung sorgt ein Fenster-
heber.

Tips zur Freilandhaltung

• Freilandhaltung vom späten Frühjahr bis zum Herbst.
• Bei Temperatursturz unter 10 °C sollten die Tiere zeit-
  weilig ins Zimmerterrarium oder für die Übergangszeit
  ins Frühbeet umgesetzt werden.
• Arten und Unterarten hält man besser getrennt, um
  einer Bastardisierung vorzubeugen.
• Richtiger ist, die Geschlechter zu beobachten und bei
  Unverträglichkeit zu trennen.

Richtiges Eingewöhnen

Quarantäne

Eine neu erworbene Sumpfschildkröte hält man besser
einige Monate von eingewöhnten Tieren getrennt. Zu groß
ist die Gefahr, daß nach Transport und Umstellung das
durch Streß geschwächte neue Tier Krankheiten hat, die
zu Hause eingeschleppt werden. In dieser Zeit läßt sich gut
feststellen, ob die Sumpfschildkröte sich auch wirklich

Bau einer Freianlage

Gartenteich

Kletterstamm

Eiablageplatz

Einfriedung

Landteil

Gestaltung

Anlage: Mindestgröße 0,5 m² pro Tier, optimal liegt der Teich nur an einem vollsonnigen Platz.

Einfriedung: Die Wände gut 30 cm tief in den Boden setzen. Die Mauerhöhe sollte für größere Sumpfschildkrötenarten etwa 30-60 cm mit überstehendem Rand betragen, damit die Tiere nicht herausklettern können.

Teich: Bei Folie besteht Gefahr des Reißens oder daß sie von grabenden Mäusen oder Ratten angenagt wird. Abhilfe schafft ein feinmaschiges Drahtgitter, unter der Folie verlegt. Für einen regelmäßigen Wasserwechsel sollte gesorgt werden. Trittsteine, Wurzeln und Äste im Wasser erleichtern den Ausstieg und werden von den Tieren gerne als Sonnenplätze genutzt.

Landteil: Für stark an Land gebundene Tiere umschließt er das Wasserbecken vollständig. Bei Vielschwimmern ist ein Landteil in Inselform möglich, auf dem alle Tiere gleichzeitig zum Ruhen und Sonnenbaden Platz haben. Als Ausstieg bietet man eine Rampe an oder griffige Natursteinplatten, die im Teich rutschfest verlegt werden.

Bepflanzung: Gras auf dem Landteil, viel Buschwerk sorgt für schattige Verstecke und ausreichend Deckung.

Schutzmaßnahmen: Gegen Beutegreifer wie Ratte, Elster, Marder, Waschbär, Fuchs und Katze bei Tieren kleiner als 10 cm in der Freianlage hilft Überspannen mit einem Vogelschutznetz oder Abdecken mit Maschendraht.

Frühbeet: Wenn bei Sonnenschein die Temperatur drinnen schnell ansteigt, müssen automatische Belüftungsanlagen, Klappfenster oder Ventilatoren für ausreichend Belüftung sorgen, um ein Überhitzen zu verhindern.

Für Neuzugänge ist ein einfaches Quarantänebecken völlig ausreichend.

richtig bewegt, schwimmt und taucht. Für das Quarantänebecken genügt eine einfache Ausstattung. Man verwendet möglichst sterile Glasbehälter, in die Glasscheiben als Inseln gehängt werden. Besondere Hygiene ist erforderlich, deshalb werden Behälter und Geräte immer heiß abgewaschen.

Kotproben
Während der Quarantäne empfiehlt sich die Entnahme von Kotproben zur Untersuchung auf Würmer und Amöben. Die Proben-Untersuchung sollte mehrmals durch den Tierarzt erfolgen. Wenn der Tierarzt die Proben für einwandfrei hält und sich das Tier normal verhält, also regelmäßig frißt und Kot abgibt, darf es zu den anderen Pfleglingen umgesetzt werden.

Andere Artgenossen
Am leichtesten geht das Kennenlernen in der Freianlage mit Gartenteich, viel Platz, Sichtschutz und ausreichend Versteckmöglichkeiten. Dort können sich die Tiere anfangs leichter aus dem Weg gehen. Ein territoritales Tier verteidigt sein Revier vehement. Der unterlegene „Neue" wird sich möglicherweise verkriechen oder das Fressen verweigern. Halten Sie auf alle Fälle ein zweites Aquarium bereit. Besser, Sie gewöhnen die Tiere langsam aneinander, bevor eines zu Schaden kommt.

Einzug ins Terrarium
Lassen Sie dem neuen Zögling ein paar Tage Zeit, sich an fremde Gerüche und Stimmen zu gewöhnen. Beschränken Sie sich aufs Füttern und Wasserwechseln. In vertrauter Umgebung werden die Tiere wahrscheinlich bald um Futter betteln. Vorsicht bei Leckerbissen aus der Hand: Die Pfleglinge schnappen gierig zu, und man wird leicht gebissen.

„Du bist traurig, wenn ich in der ersten Zeit meinen Kopf einziehe? Ich weiß noch nicht, ob ich Dir vertrauen kann!"

Sumpfschildkröten pflegen

Regelmäßige Pflegemaßnahmen

Damit sich die Sumpfschildkröte gut entwickelt, ist viel Hygiene notwendig. Die Rede ist von regelmäßiger Gesundheitskontrolle und Sauberkeit im Sumpfschildkrötenbehälter. Zuwenig Fürsorge kann die Krankheitsanfälligkeit der Tiere durch verdorbene Nahrung, Kot und Urin erhöhen.

Wasser

Das Wasser im Aquaterrarium oder Aquarium muß immer frisch sein. Schließlich trinken die Tiere davon. Allerdings setzen im Wasser lebende Arten den Kot zwangsläufig im Behälter ab, wodurch das Wasser schnell verschmutzt, auch wenn dies nicht sichtbar sein muß. Zwar entfernt der Filter einen Teil der Stoffwechselprodukte, doch im Wasser gelöste Stoffe wie Nitrite und Nitrate sind in hoher Konzentration giftig. Wasser muß deshalb regelmäßig gewechselt und der Filter gereinigt werden.

Wärme

Sumpfschildkröten sind wechselwarme Tiere und können ihre Körpertemperatur nicht selbständig regulieren. Allesamt sind sie wärmeliebende Tiere, die aus wärmeren Breiten stammen. Damit die lebensnotwendigen, biologischen Funktionen in ihrem Körper ablaufen, sind sie auf Wärmezufuhr von außen angewiesen. Erst durch das tägliche Aufheizen zum Beispiel durch Sonnenbäder im Garten oder unter dem Wärmespot im Terrarium wird das Tier richtig aktiv, frißt gut, kann gut verdauen und gesund wachsen. Um Verdauungsproblemen vorzubeugen, sollte

Ein guter Sonnenplatz ist unverzichtbar für Gesundheit und Wohlbefinden, auch für die Elseya-Schildkröte.

Erprobter Pflegeplan

Täglich

- In kleineren Wasserteilen von landgebundenen Arten das Wasser erneuern
- Kontrolle des Kleinklimas
- UV-Licht
- Beobachtung des Verhaltens zur Gesundheitskontrolle

Alle 2 – 3 Tage

- Fütterung
- Futterreste mit einem Netz oder Sieb beseitigen
- Dem größeren Aquarium Frischwasser zuführen

Alle 10 – 14 Tage

- Gesundheits-Check
- Bei schwimmfreudigen Arten Komplettwasserwechsel
- Gleichzeitig Aquarium oder Aquaterrarium, Steine, Unterschlupf und Ausstieg mit warmem Wasser gründlich reinigen, andere Reinigungsmittel können den Tieren schaden
- Kontrolle und Wartung der Aquarien- bzw. Aquaterrarientechnik wie Verkabelungen, Pumpen, Filter und Schraubanschlüsse

Bei Bedarf (alle 4 bis 8 Wochen)

- Komplettes Bodensubstrat im Terrarium mit überwiegendem Landteil erneuern, sobald der Erdgeruch einem unangenehmen Geruch weicht
- Gleichzeitig Land- und Wasserteil und Zubehör mit warmem Wasser reinigen

täglich eine Temperatur von 28 bis 35 °C zur Ermöglichung der Stoffwechselvorgänge erreicht werden.

Beleuchtung

Bei vielen Tierarten wirken sich Helligkeit und Dauer der Beleuchtung günstig auf Aktivität, Futteraufnahme und die Fortpflanzung aus. Sie können damit besser ihre natürlichen Instinkte und Gewohnheiten ausleben. Aus diesem Grund ist die Sommerfrische so wichtig für die Sumpfschildkröten. Freilich muß bei Haltung in der Wohnung für ausreichend Licht durch künstliche Beleuchtung gesorgt werden. Darüber hinaus ist bei Zimmerhaltung regelmäßig ungefiltertes Sonnenlicht erforderlich. Die UV-Strahlung aktiviert nämlich das Vitamin D, das unerläßlich für die Knochenbildung und einen gesunden Panzer ist. Das Licht wirkt stimulierend und macht die Tiere widerstandsfähiger. Bei zu geringer Lichtintensität verkümmern die Pfleglinge nämlich.

Winterruhe

Um gesund zu bleiben und ihrem natürlichen Verhalten Rechnung zu tragen, brauchen einige Sumpfschildkröten

Eine Gruppe von Rotwangen-Schmuckschildkröten versammelt sich zum Aufwärmen.

auch in menschlicher Obhut eine Winterruhe. Wenn die
Tage kürzer und dunkler werden, erkennt man an ihrem
Verhalten, ob sie dazu bereit sind. Sie werden träger,
fressen weniger oder gar nicht mehr. Selbst Tiere im
ersten Lebensjahr läßt man schlafen, allerdings nur vier
bis acht Wochen. Kontrollieren Sie das Gewicht. Nimmt der
Kleine mehr als zehn Prozent ab, ist er krank. Er muß vorzeitig geweckt und vom Tierarzt untersucht werden. Erwachsene Tiere fressen sich sommers Reserven an, die sie
über die kühle Saison bringen. Zur Ruhe wird der Stoffwechsel auf ein Minimum gedrosselt. Machen Sie einen
Gesundheits-Check. Magere, zu fette und kranke Tiere
sollte man nicht einwintern, da sonst Probleme mit dem
Stoffwechsel auftreten können. Weibchen dürfen keine
Eier mehr im Bauch haben. Im Zweifelsfalle läßt sich dies
mittels Röntgenbild ermitteln.

In der Natur halten Schmuckschildkröten aus den USA
eine Winterruhe. Der Zeitpunkt zum Einwintern liegt im
Herbst. Dazu reduziert man nach und nach Fütterung,
Licht und Temperatur. Acht Tage vor der Überwinterung
dürfen die Tiere nicht mehr gefüttert werden. Sie fasten
auch während der Ruhephase. Die Pfleglinge werden in
Behälter gesetzt (Wasserstand eine Panzerbreite), in dem
die Wassertemperatur langsam auf 10 °C gesenkt wird. Sie
verbleiben darin in einem ungeheizten, abgedunkelten
und zugfreien Raum bis Frühling. Bei kleineren Behältern sollte nach einiger Zeit verbrauchtes
Wasser durch frisches Wasser mit gleicher
Temperatur ersetzt werden. Bei Wärme-
perioden können die Tiere vorzeitig aufwa-
chen und müssen dann ausgewintert werden.

Landlebende Dosenschildkröten *(Terrapene)*,
Scharnierschildkröten *(Cuora)* und Zackenerdschildkröten *(Geoemyda)* usw. werden wie oben
beschrieben auf die Winterruhe vorbereitet.
Allerdings kommen sie in einen Behälter mit
angefeuchteter Erde. Auch sie bleiben in einem
Raum ohne Fütterung, Licht und Heizung bei

Mit dem richtigen Gewicht bleiben
auch kleine Sumpfschildkröten in der
Winterruhe fit.

einer niedrigeren Temperatur von 2 bis 8 °C. Notfalls tut es auch ein ausgedienter Kühlschrank. Einmal pro Woche sollten Temperatur, Substratfeuchte und Belüftung geprüft werden. Erwachsene Tiere schlafen etwa fünf Monate, von Ende Oktober bis März bei regelmäßiger Kontrolle. Erkrankt ein Tier oder wird es zu warm, bewegt es sich unruhig im Erdbett. Dann sollte die Winterruhe beendet werden.

Auswintern

Zum Auswintern erhöht man im Frühjahr über zwei Wochen die Beleuchtungsdauer und die Temperatur auf 20 °C. Wiegen Sie den erwachten Pflegling, danach kann er wieder ins gleichwarme Wasser des Aquariums umgesetzt werden. Nach ein paar Tagen wird das Tier wieder lebhaft und nimmt Futter an.

Die Chinesische Dreikielschildkröte gräbt sich manchmal mitten im Sommer ein.

Überwinterung im Freiland

Die Winterruhe im Freiland ist nur für wenige Sumpfschildkrötenarten und die Europäische Sumpfschildkröte möglich. Erwachsene Zierschildkröten, die aus nördlichen Regionen stammen, können im Freilandteich bleiben, wo sie im Bodenschlamm überwintern. Sie bereiten sich selbst auf den Winterschlaf vor. Allerdings muß das Außenbiotop mindestens einen Meter tief sein, darf nicht total zufrieren, und es sollte mittels Oxidator belüftet werden, damit genügend Sauerstoff im Wasser vorhanden ist. Sonst können die Tiere Schaden nehmen.

In der Urlaubszeit

Nach der Fütterung können Sie Sumpfschildkröten bedenkenlos für ein paar Tage zu Hause allein lassen. Wollen Sie länger verreisen, sollten sie in fachkundige Pflege kommen. Am besten klappt das, wenn der Urlaubs-Pfleger einige Wochen unter Ihrer Anleitung die Tiere versorgt. Er muß möglichst viel über die Schützlinge wissen, über regelmäßige Pflegearbeiten, Vorlieben und Abneigungen der Tiere. Naht die Winterruhe, ist sie gerade überstanden oder steht die Eiablage an, sollten Sie lieber einen erfahrenen Sumpfschildkrötenfreund als Pfleger engagieren oder die Reise verschieben.

Die reisende Sumpfschildkröte

Die Gewöhnung an eine fremde Umgebung bedeutet für das Tier eine ziemliche Umstellung und Streß. Außerdem ist der Umzug mitsamt Quartier und Aquarientechnik sehr aufwendig. Wenn eine längere Fahrt zum Sumpfschildkrötenpfleger unvermeidlich ist: Die Tiere kommen einzeln in Leinensäcke. Transportiert werden sie trocken in einem festen Behälter mit Lüftungsschlitzen und Schaumgummilage ausgepolstert. Er muß fest verstaut werden, um ein Rütteln abzustellen.

Sumpfschildkröten und andere Heimtiere

Zwar haben Sumpfschildkröten einen Fluchtvorteil, indem sie schnell ins Wasser abtauchen oder sich durch Beißen wehren. Doch werden bei den größeren Säugetieren Jagdverhalten oder Spieltrieb ausgelöst. Der Hund schleppt den vermeintlichen „Knochen" herum, zernagt den Panzer mit Verletzungen und Quetschungen für die Sumpfschildkröte. Katzen fressen möglicherweise kleine Jungtiere.

> ### Checkliste Sumpfschildkrötenbetreuung
>
> - Aquaterrarium oder Aquarium einmal zusammen mit dem Urlaubsbetreuer reinigen
> - Merkzettel mit Menüplan und Fütterungszeiten
> - Ratgeber mit Pflegeplan
> - Aquarien- und Beleuchtungstechnik erklären, Liste mit Bezeichnung der Modelle für Ersatzkauf
> - Ersatzgeräte bereitstellen, z. B. Heizstab und Lampen
> - Wartungsarbeiten und leichte Reparaturen erläutern
> - Adreßliste: Urlaubsadresse, Adresse und Telefonnummer vom reptilienerfahrenen Tierarzt, fachkundigen Helfer und Terrarienhändler

Wenn Sie verschiedene Arten haben, sollte der Urlaubs-Pfleger die Vorlieben und Abneigungen der Tiere (hier Indische Dornschildkröten) genau kennen.

Mit zunehmendem Alter nehmen Zierschildkröten auch gerne pflanzliche Nahrung zu sich.

Vögel, die von oben auf die Sumpfschildkröten flattern, erschrecken die Pfleglinge. Die Tiere sollte man niemals unbeaufsichtigt lassen.

Das frißt die Sumpfschildkröte

Die richtige Ernährung

Auch bei den Sumpfschildkröten geht die Liebe durch den Magen. Leider picken die Tiere schnell begehrtes Futter raus. Wenn Sie jedoch von Anfang an abwechslungsreiche Kost anbieten, kommt es gar nicht erst zu Futtervorlieben. Sie beugen damit einseitiger Ernährung und Mangelerscheinungen vor. Ein wichtiger Schritt für das Wohlbefinden der Pfleglinge. Regelmäßig viel Sonnenlicht und Bewegung regen die natürlichen Fermentationsprozesse an.

Empfehlung für eine artgerechte Ernährung

Auch sogenannte rein fleischfressende Arten verzehren nicht ausschließlich Muskelfleisch, sondern machen sich über ganze Beutetiere her. Diese enthalten alles, was die Sumpfschildkröte braucht und bieten über ihren Magen-Darm-Inhalt meist auch Pflanzenstoffe. Eine reine Muskelfleischfütterung kann deshalb zu Mangelerscheinungen führen. Größere Futtertiere können nestjunge Mäuse oder Vögel wie zum Beispiel Küken darstellen. Zu den Süßwasserfischen als Futtertiere zählen Moderlieschen, Karauschen und Weißfische, die man allerdings nicht zu oft anbieten sollte wegen der Gefahr der Thiaminase, die Vitamin

Auch Pflanzennahrung wird sehr gerne verzehrt, hier von der Gelbrand-Schanierschildkröte.

B zerstört und dadurch zu Mangelerscheinungen führen kann. Zu den pflanzlichen Futtermitteln gehören weiches, süßes Obst wie Banane und Honigmelone, geraspelte Karotten, Wiesenkräuter, Wasserpflanzen und ein wenig Salat.

Sumpfschildkröten mögen sowohl tierische als auch pflanzliche Kost. Jedoch kann sich im Verlauf des Wachstums der jeweilige Anteil ändern. Heranwachsende Schmuckschildkröten zum Beispiel verzehren mehr Tierisches. Mit dem Erwachsenwerden steigert sich der Anteil an Pflanzennahrung jedoch um mehr als die Hälfte. Damit die Reptilien nicht verfetten, ist ein unregelmäßiges Nahrungsangebot mit Fastentagen besser als die tägliche gleiche Fütterung, die höchstens Sinn bei Jungtieren macht. Sehr praktisch ist das Anbieten von auf die Tiere abgestimmtem Gelatinefutter. Man kann das Komplettmenü selbst zubereiten und so die wichtigsten Inhaltsstoffe zusammenstellen, ohne daß

Lebendfutter Wurm für die Pracht-Erdschildkröte.

Rezept für einen Liter Sumpfschildkröten-Yello

200 g magerer Süßwasserfisch mit Kopf und Eingeweiden, eine Dose Fertigfutter für Sumpfschildkröten, 200 g Kräuter und Gemüse wie ungespritzte Karotten, Paprika, überbrühter Spinat, Äpfel, Brennessel, Löwenzahn, Wasserpflanzen, ein Ei, 1 EL Kalziumlaktat, 1 EL Mineralsalzgemisch Corvimin ZVT, eine kleine Prise Meersalz, 60 g Speisegelatine, 200 ml Wasser

Zubereitung: Gelatine in Wasser unter Erhitzen lösen, die übrigen Zutaten pürieren. Die aufgelöste Gelatine zum Futterbrei geben und mit Wasser auf einen Liter auffüllen. Dann die Mineralsalzmischung in die lauwarme Mischung geben. Das ganze auf ein Backblech gießen und im Kühlschrank erkalten lassen. Die erstarrte Masse in maulgerechte Würfel schneiden. Tagesportionsweise und gut verschlossen einfrieren. Zum Verfüttern langsam, am besten am Abend vorher im Kühlschrank auftauen lassen, damit das Aspik nicht an Festigkeit verliert.

„Ich möchte nur im Wasser fressen, sonst werde ich krank.“

Erprobter Menüplan

Täglich
• Babys und Jungtiere einmal täglich füttern, allerdings schaden ihnen ein bis zwei Fastentage pro Woche nicht.

Alle zwei Tage
• Erwachsene Tiere füttern

Wöchentlich
• Rohes Säugetierfleisch von Herz oder Muskel, Obst (siehe auch Arten-Kurzportraits) höchstens einmal pro Woche, Futterergänzungsmittel (Mineralsalzgemisch, als Pulver oder in flüssiger Form beim Tierarzt zu beziehen) über das Futter oder das Wasser zufüttern

Alle zwei bis drei Wochen
• Ein wenig Leber zur Vitamin-A-Versorgung

Richtiger füttert man die Tiere im Wasser und nicht außerhalb des Terrariums.

das Lieblingsfutter vom Pflegling ausgesucht wird. Überdies trüben die Aspikfutterreste das Wasser nicht so schnell ein, und sie können leicht herausgefischt werden.

Fertigfutter

Für Sumpfschildkröten eignet sich gut im Handel erhältliches pelletiertes und schwimmfähiges Fischfutter. Man kann es für größere Tiere als Beifutter gut verwenden, aber keinesfalls als Alleinfutter über längere Zeit. Beim Kauf keine Mastfuttermittel (z. B. für Forellen) wählen, da sie zu hohe Fett- und Proteingehalte aufweisen. Zu oft verfüttert, läßt die proteinreiche und fetthaltige Nahrung die Tiere zu schnell wachsen mit nachhaltigen Schäden wie rachitische Mißbildungen und Deformierungen. Katzen- und Hundetrockenfutter kann zeitweilig angeboten werden, sofern es mit Kalk angereichert wurde.

Vitamingaben und Mineralstoffe

Um die Körperfunktionen unserer Pfleglinge in Schwung zu halten, sind Vitamine und Mineralstoffe unverzichtbar und müssen mit der Nahrung angeboten werden. Besonders empfindlich auf Vitamin-D-Mangel reagieren Jungtiere, die dann an Rachitis erkranken (weicher und deformierter Panzer). Jedoch kann auch eine Überdosierung an Vitamin D zu schweren Schäden führen. Zur optimalen Versorgung ergänzt man die Nahrung regelmäßig mit handelsüblichen Zusätzen, die Vitamine und Spurenelemente enthalten und einfach über das Futter gestreut werden.

Kalk

Kalk ist für eine gesunde Entwicklung der Sumpfschildkröten unentbehrlich, vor allem für die Panzerbildung heranwachsender Tiere. Deshalb sollte man Fisch mit Gräten verfüttern. Außerdem gibt es im Zoofachhandel Kalkpräparate, die möglichst phosphatfrei sein sollten. Trächtige Weibchen benötigen dringend mehr Kalzium zur Bildung der Eierschalen und verzehren sehr gerne Sepiaschale, die zerkleinert unter das Futter gemischt wird. Für Sumpfschildkröten eignen sich auch gut Frostgarnelen oder Garnelenschrot mit viel Kalk und Ballaststoffen.

Zehn Fütterungsregeln

1. Die tagaktiven Tiere während der Aktivitätsphase füttern, dämmerungsaktive Arten in den Abendstunden.
2. Nur soviel verfüttern, wie die Tiere binnen zehn Minuten komplett verzehren können.
3. Pflanzenkost bei Zimmertemperatur anbieten und spätestens nach einem Tag Verdorbenes wieder entfernen.
4. Gefrorene Kost auf Wassertemperatur bringen.
5. Kein Fett verfüttern, es kann von Sumpfschildkröten nicht verdaut werden.
6. Fisch zerteilt, aber mit Gräten, Schuppen und Innereien anbieten.
7. Nicht verzweifeln, wenn plötzlich Futter verweigert wird, sondern jahreszeitlich mit dem Nahrungsangebot variieren.
8. Nicht dem Betteln der Tiere nachgeben und diese überfüttern.
9. Sumpfschildkröten immer im Wasser füttern.
10. Eine plötzliche Futterumstellung ist unbedingt zu vermeiden.

Wichtig!

Sumpfschildkröten tendieren zu einem Mangel an Vitamin A. Einfach täglich mit karotinreichen Futtermitteln (Karotten und Gemüsepaprika, Hagebutten und Luzerne) oder Sticks für Kois oder Goldfische aus dem Zoofachhandel vorbeugen oder über Gelatinekost zufüttern. Das sorgt auch für eine prachtvolle Panzerfärbung.

Abwechslungsreiche Kost

Lebendfutter	Fleisch, Frost- und Trockenfutter	Wasserpflanzen	Wiesenkräuter	Salat
Regenwürmer	Rinderherz, -lunge	Wasserpest	Löwenzahn	Feldsalat
Gehäuseschnecken	Schabefleisch Rind	Wasserlinsen	Wegerich	Endivien
Nacktschnecken	Truthahnfleisch	Sumpfschraube	Ampfer	Romana
Kleinkrebse	Forelle	Wasserhyazinthen	Klee	Ruccola
Fische (Guppies)	gefrorene Wasserflöhe		Vogelmiere	Radiccio
Rote Mückenlarven	gefrorener Krill		Beeren	
Fliegenlarven	Garnelenschrot			
Bachflohkrebse	getrocknete Stinte			
Heimchen	Labormäusebabys			
Heuschrecken	Sumpfschildkröten-Aspik			
Grillen				
Asseln				
Wasserläufer				
Mehlwurmlarven				

Sumpfschildkröten-Anatomie

Der Panzer

Sumpfschildkröten haben einen Schutzpanzer ausgebildet, der nur eine Öffnung für den Kopf und die Vorderbeine und eine für die Hinterbeine und den Schwanz
offenläßt. Bei Gefahr können sie sich in ihn zurückziehen.
Eigentlich besteht diese Rüstung aus zwei Teilen: dem
Rücken- und dem Bauchpanzer. Beide sind an den Seiten
durch eine feste Brücke verbunden. Darin liegt die Körper-
höhle mit den inneren Organen. Aufgebaut ist der Panzer
aus Hautknochenplatten. Er ist mit der Wirbelsäule und
den Rippen verwachsen und stellt einen Teil des Skeletts
dar. Auf ihm wachsen auch die hübsch gezeichneten
Hornschilde. Es gibt Arten, die ihren knöchernen Panzer
verschließen können, wie Dosen- und Klappschildkröten.
Sie machen das mit einem Scharnier oder Gelenk. Wittert
die Sumpfschildkröte Gefahr, klappt sie die beweglichen
Bauchpanzerhälften an zwei häutigen Quernähten einfach
nach oben und läßt den Körper im Innern verschwinden.

Droht Gefahr, klappt die Scharnier-
schildkröte die beweglichen Bauchpanzerhälften nach oben.

Zwar mag dieser Harnisch einen Beutegreifer ab-
wehren, doch ist er alles andere als unempfindlich.
Selbst feine, kaum erkennbare Risse in den Hornschilden können zu Entzündungen der Knochenhaut führen. Mit vielen Blutgefäßen und Nerven
ausgestattet, liegt dieses empfindliche Organ zwischen den Knochenplatten und den Hornschilden.
Anfällig sind auch die hellen, anfangs zarten Fugen zwischen den Hornschilden, wo die dünne Hornschicht beim
Wachstum zuwächst. Selbst Kratzer genügen Krankheits-
erregern, um zur Knochenhaut vorzudringen und Entzündungen und ein Absterben des Gewebes zu verursachen.
Beim Wachstum von Bauch- und Rückenpanzer wird
unter der bestehenden Schildplatte eine etwas
größere, dem Wachstum entsprechende neue
Hornplatte gebildet, die vorherigen Platten liegen darüber. Bei anderen Arten werden die al-
ten kleineren Schilde abgestoßen. Übrigens wachsen die Tiere ein Leben lang.

Der Körper des Tieres verschwindet
dann geschützt im Innern!

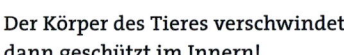

Kopf und Schnabel

Sumpfschildkröten haben keine Lippen, sondern Horn-
scheiden. Anstelle von Zähnen besitzen sie scharfe Kie-
fernscheiden zum Zerkleinern ihrer Nahrung. Durch seine
Ausbuchtung bietet der Schädel Ansatz für mächtige Kie-
fermuskeln. Mit dem Kiefer können die Tiere leicht Pflan-
zen- und Tiermaterial durchtrennen.

Beine und Krallen

Die Gliedmaßen stehen in enger Beziehung zur Lebensweise. Sumpfschildkröten, die viel Zeit an Land verbringen,
können ihre paddelartigen Füße mit Krallen, dünnen
Schuppen und mäßig ausgebildeten Schwimmhäuten uni-
versell einsetzen. Für Arten, die viel schwimmen, sind Krallen und Schuppen nicht so wichtig. Sie haben zum Antrieb
ihre Schwimmhäute stark ausgebildet. Die Krallen wachsen ständig nach und nutzen sich normalerweise auf dem
Untergrund ab.

Atmung

Sumpfschildkröten atmen über Lungen. Durch den unbe-
weglichen Panzer ist der Brustkorb nicht dehnbar. Das
Atmen funktioniert durch Kontraktionen der Muskulatur,
die die Lunge umschließt. Dabei helfen die Vorderbeine.
Streckt das Tier sie nach vorne, füllen sich die Lungen, zieht
es sie an, wird Luft ausgepreßt. Es schnüffelt durch Heben
und Senken des Zungenbeins, was sich gut an der Bewegung der Kehlhaut beobachten läßt. Ist eine Lunge infolge
einer Erkrankung daran gehindert, Luft aufzunehmen, so
zeigt sich das bei den Tieren in einer Schräglage. Einige
Tiere sind in der Lage, zusätzlich durch die
Schleimhaut des Schlundbereichs zu atmen.
Sie vermögen besonders lange im Wasser
zu verweilen, ohne Luft von der Ober-
fläche zu holen. Die Atmungsorgane der
Sumpfschildkröten sind recht anfällig.
Bei kalter Zugluft oder wenn die Lufttem-
peratur niedriger als die Wassertemperatur
ist, können unsere Pfleglinge schnell eine
Lungenentzündung bekommen.

Sumpfschildkröten (hier die
Kaspische Sumpfschildkröte)
kommen zum Atmen an die
Wasseroberfläche.

„Du
darfst mich
niemals unter
Wasser drücken,
sonst ertrinke
ich."

Gesundheit und Krankheit

Eine Vielzahl von Keimen lebt in den Sumpfschildkröten und verursacht in der Regel keine Krankheitszeichen. In der Wildnis können die Tiere damit sehr alt werden. Anders kann es bei einem Leben in menschlicher Obhut kommen. Streßfaktoren wie Transport, Überbesatz in Aquarien, Wasserentzug, Parasitenbefall und Vitaminmangel, falsche Haltungs- und Fütterungsbedingungen sowie mangelnde Sauberkeit machen die Tiere anfällig für Krankheiten. Die Hauptursache liegt zumeist beim Halter, der die Bedürfnisse des Pfleglings nicht richtig erkennt.

Gesundheitsvorsorge

Konsequente Hygiene im Terrarium bzw. Aquarium ist für Sumpfschildkröten unverzichtbar. Sonst wird das Quartier zu einer Brutstätte für Krankheitskeime und Parasiten, die die Tiere ausscheiden. Vor allem die wasserlebenden Arten haben einen hohen Stoffumsatz und koten ständig ins Becken. Halten Sie deshalb den Behälter immer sauber. Sonst verschlechtert sich die Qualität des Wassers und die Schildkröten können erkranken. Lassen Sie den Kot der Tiere auf Parasiten untersuchen. Regelmäßige Gewichtskontrollen zeigen, ob ein Tier eventuell erkrankt ist. Zu achten ist auf Gefahren, die im Freien lauern: Die Rede ist von Verletzungen durch andere Tiere oder Unfälle. Eine gewissenhafte Beobachtung der Tiere läßt Unwohlsein und Verhaltensänderungen schnell erkennen.

Bei regelmäßiger Gesundheitsvorsorge fühlt sich die Chinesische Sumpfschildkröte wohl.

Wann wird ein Arztbesuch nötig?

Verhaltensveränderungen wie fehlende Bewegungsfreude oder wenn die Tiere nicht mehr ins Wasser gehen, Apathie und Futterverweigerung verraten manchmal den Beginn einer Krankheit. Sobald Sie Ungewöhnliches im Aussehen oder Verhalten der Sumpfschildkröte beobachten, sollten Sie einen Tierarzt zu Rate ziehen. Nehmen Sie eine Kotprobe des Tieres mit. Mit einer gezielten Behandlung bestehen gute Chancen, chronische Erkrankungen zu verhindern. Die richtige Adresse erfahren Sie bei einem Züchter oder Händler, der Kontakt zu reptilienerfahrenen Tiermedizinern hat.

Erste Hilfe für die Sumpfschildkröte

Parasiten

Im Verdauungstrakt sind Parasiten bei allen Reptilien weit verbreitet. Normalerweise besteht ein Gleichgewichtszustand zwischen Wirt und Parasit. Nur wenn das durch Haltungsfehler, zum Beispiel falsche Ernährung oder mangelnde Hygiene, gestört wird, kann bei massenhaftem Auftreten von Würmern und Einzellern die Sumpfschildkröte geschädigt werden. Kontrollieren Sie den Kot und lassen Sie ihn mikroskopisch vom Tierarzt untersuchen und das Tier behandeln. Im Gartenteich können durch Wasserpflanzen eingebrachte Egel die Sumpfschildkröten befallen.

Erkrankung der Atmungsorgane

Solche Erkrankungen muß man immer ernst nehmen. Schließlich machen sie etwa 30 Prozent der Todesursachen bei Sumpfschildkröten aus. Vielleicht haben Futter-, Vitaminmangel oder Kälte die Abwehrkräfte des Tieres geschwächt. Sumpfschildkröten erkälten sich schnell, wenn sie vom warmen Wasser an wesentlich kältere Luft gelangen (Verdunstungskälte). Temperaturstürze und Feuchtigkeit sind Ursachen für Erkältungen im Freiland. Hilfreich nach einem kühlen Regenschauer und bei hörbaren Atemproblemen kann ein Dampfbad sein. Bereiten Sie einen Aufguß im Eimer bei einer Temperatur von nicht mehr als 35 °C. Die Sumpfschildkröte setzt man in einem passenden Küchensieb für 15 Minuten obenauf und deckt sie mit

Verhält sich das Tier apathisch, dann nichts wie ab zum Reptilienarzt.

Das ist gut für die Sumpfschildkröte

- Sorgfältige Hygiene im Behälter
- Futtermittel ausgewogen und immer frisch
- Vitamin- und Kalkpräparate in richtiger Dosierung
- Normalgewicht, weil Übergewicht zu Stoffwechselkrankheiten führen kann (langsame Gewichtszunahme)
- Licht, Sonne und Wärme
- Verhaltensbeobachtung, Gesundheitscheck und regelmäßige Kotuntersuchung, um den Parasitenbefall zu kontrollieren
- Umgang mit Medikamenten bzw. Antibiotika nur nach Rücksprache mit dem Tierarzt
- Körperlichen und psychischen Streß abbauen und die Tiere in Ruhe lassen

Merkmale von Krankheiten

Erste Anzeichen	Erkrankung	Ursache	Behandlung
Geschwollene und verklebte Augenlider	Augenentzündung	Fremdkörper, Verletzung, Zugluft, Reizungen, schmutziges Wasser	sofort zum Tierarzt
Zusätzlich gelbe Massen im Auge	Vitamin-A-Mangel	ausschließliche Verfütterung von Bachflohkrebsen oder zuviel Rinderherz/Muskelfleisch	Tierarzt aufsuchen, Fütterungsoptimierung
Lethargie, Verweigerung der Nahrung, Panzer wird weich, Blutung	Vitamin-D_3-Vergiftung	nicht sachgemäße Dosierung von Futterzusätzen	sofort zum Tierarzt, Tier vorsichtig berühren
Trübungen der Augenhornhaut	(vorübergehend) Hornhautschäden	Abstand zum UV-Strahler zu gering oder Bestrahlungsdauer zu lang	Tierarzt aufsuchen, Strahler richtig einstellen oder kürzere UV-Bestrahlung
Vollständige Linsentrübung	Erblindung	unklar	zum Tierarzt, Tiere finden kein Futter mehr, Fütterung aus der Hand
Nasenausfluß, Atemnot, pfeifender Atem, Tauchunfähigkeit, Schieflage, Apathie	Schnupfen, Lungenentzündung, Verstopfung	Zugluft, Feuchtigkeit, Kälte, zu trockenes Milieu, Dehydrierung	Wärme, sofort zum Tierarzt, Haltungsoptimierung, Tiere ins Wasser setzen
Bewegungsunfähigkeit, Gelenkschwellungen an Hinterbeinen, Bewegungsunlust	Blasenstein oder Harnsäureklumpen, Gicht, Ödeme oder Parasiten	Stoffwechselstörung, falsche Fütterung, Dehydrierung, Nieren- oder Herzerkrankung, Einzeller-Infektion	sofort zum Tierarzt, Blutuntersuchung, Tier ins Wasser setzen, Änderung Menüplan
Apathie, Futterverweigerung	Stoffwechselprobleme	zu kalt und dunkel	sofort zum Tierarzt, Blutuntersuchung, Haltungsoptimierung
Abmagern, Futterverweigerung	Kieferdeformation, zu langer Schnabel, Verletzungen, Darmentzündung	zu weiche Nahrung, schlechte Pflege, Kieferfraktur, Infektion, Streß	Tierarzt: Schnabelkorrektur, Röntgen, Stabilisierung des Kiefers

Erste Anzeichen	Erkrankung	Ursache	Behandlung
Schmerzhafte Schwellung (hart)	Abszeß	lokale Infektion, Verletzung falsche Injektion	sofort zum Tierarzt, chirurgische Versorgung, nicht quetschen
Breiiger Kot, Würmer im Kot, Abmagern	Durchfall, Amöbenruhr	falsche Nahrung oder zu kalte Haltung, Wurmbefall, Protozoenbefall	sofort zum Tierarzt und Kotprobe untersuchen lassen und Behandlung
Graue oder rosa Flecken auf dem Panzer	Pilzinfektion	Haltung in feuchtem Milieu	Tierarzt: Behandlung mit Tinktur
Panzerveränderungen, Läsionen	Abrieb, Verletzung, starker Algenbefall	falsche Unterbringung, scharfe Kanten, grober Untergrund, verschmutztes Wasser	Tierarzt: Versorgung der Verletzung und regelmäßige Behandlung, vorsichtige Panzerreinigung, Haltungsoptimierung
Wunde im Panzer, Risse in Hornschicht	Unfall, Quetschung, Bißverletzung	Infektion des Gewebes	Tierarzt: Sofortige Behandlung der Knochenwunde
Hautwunden	Verbrennung, Verletzung, Bisse	zu tief hängende Wärmestrahler, Unfälle, Beißereien unverträglicher Tiere	Säuberung, Wundversorgung mit Heilsalbe durch Tierarzt
Krustige Haut	Hautpilze Vorsicht: Übertragbar!	vernachlässigte Pflege, eventuell Vitamin-Mangel	Tierarzt: Behandlung sämtlicher Pfleglinge
Krallen wachsen aus, Krallen bluten	Nagel ausgerissen	zu lange Krallen, falscher Untergrund	vom Tierarzt kürzen lassen, Wundbehandlung, Haltungsoptimierung
Blutung in Halsgegend	Verletzung, Bisse	starke Belästigung (Aufreiten) durch Artgenossen	Tierarzt: Desinfektion, Wundbehandlung
Nachziehen eines Beins	Prellung, Bruch, innere Verletzung	Unfall, Sturz, Stoß	Tierarzt: Röntgen, Richten, Schienen
Plötzliches Einstellen der Legetätigkeit, Einstellen aller Aktivitäten	Aussetzen der Wehen, Legenot	Deformierung, Übergröße der Eier, Hindernis in Eipassage, zu enger Geburtsweg, Kalzium- oder Hormonmangel, entzündete Kloake, Blasenstein	sofort zum Tierarzt, um Tier zu retten

einem Handtuch ab. Das Tier sollte danach warm gehalten werden. Tritt binnen zwei bis drei Tagen keine Besserung ein, fragt man den Tierarzt um Rat.

Geschwollene Augen

Vitamin-A-Mangel und verschmutztes Wasser im Aquarium sind häufige Ursachen von Organerkrankungen, die man an Veränderungen der Augen erkennt. Eine hohe Konzentration an im Wasser gelösten Nitraten und Nitriten ist die Ursache für chronische Reizungen. Vermeiden läßt es sich durch ausgewogene Ernährung und regelmäßigen Wasserwechsel im Aquarium.

Wundbehandlung

Äußere Verletzungen müssen mit Jodtinktur gesäubert, klaffende Wunden, Hautnekrosen und Verpilzungen vom Tierarzt versorgt werden. In den ersten Tagen sollten die Tiere trocken sitzen.

Panzererkrankungen

Ein großes Problem bei Sumpfschildkröten ist die Panzererweichung. In der Fachsprache ist die Rede von Rachitis. Dabei verknöchert der Panzer zu langsam und ungenügend. Befühlen Sie die Pfleglinge regelmäßig. Der Panzer muß bei großen Tieren überall fest sein, bei kleinen nur im hinteren Teil elastisch. Er darf nicht nachgeben. Schuld daran ist eine Mangelernährung und fehlendes UV-Licht. Die Sumpfschildkröte muß mit Vitamin-D versorgt werden

Geschwollene Augen sind Anzeichen für Vitamin-A-Mangel.

oder UV-Bestrahlung bekommen. Fehlen auch noch Kalzium und Phosphor, kommt es zu typischen Verformungen: Bei Sumpfschildkröten biegt sich dann der Panzerrand auf. Leider läßt sich die Deformierung nicht mehr rückgängig machen. Doch wird der Panzer nach richtiger Behandlung wieder fest. Mineralstoffe und Vitamine müssen über das Futter gegeben werden. Allerdings werden die Nährstoffe erst durch ausreichend Sonnenlicht optimal umgesetzt. Für gesunde Knochen- und Panzerhärte unerläßlich sind also viele Sonnenbäder im Terrarium oder in der Freianlage. Kommt es zu einer schweren Verletzung des Panzers durch einen Bruch, bedarf es dringend der Behandlung durch einen reptilienerfahrenen Tierarzt.

Legenot

Als Legenot bezeichnet man die Unfähigkeit des Weibchens, das reife Gelege abzulegen. Die Sumpfschildkröte gräbt erfolglos, schwimmt oder wandert unruhig hin und her oder preßt vergeblich beim Eierlegen. Auch Streß und Haltungsfehler können zu Legenot führen: Aquarienwechsel, Überbesatz, häufiges Anfassen, der Eiablageplatz ist ungeeignet oder fehlt ganz. Dem Tier muß schnell geholfen werden, es kann binnen kurzer Zeit sterben. Nur der Tierarzt kann die Ursache klären.

Schlechte Schwimmer benötigen unbedingt eine Kletter- und Ruhemöglichkeit, um ohne Klimmzüge an der Luft atmen zu können.

Wichtig!

Es kommt manchmal vor, daß im Darm der Sumpfschildkröten Salmonellen leben und diese gegebenenfalls auf den Menschen übertragen werden können. Besser, nach dem Handling immer Hände waschen.

Panzerverletzungen, hier durch
einen Rasenmäher verursacht,
müssen umgehend vom Tierarzt
versorgt werden.

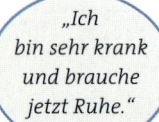

„Ich
bin sehr krank
und brauche
jetzt Ruhe."

Pflanzenmedizin

Heilende Kräuter bieten sich gut bei Sumpfschildkröten
an, die von Natur aus gerne Wildkräuter verzehren.
Als Nahrungspflanzen kann man mit ihnen Krankheiten gut vorbeugen.

Die Inhaltsstoffe wirken teils krampflösend, entzün-
dungshemmend oder desinfizierend. Dazu gehören ma-
genstärkender Löwenzahn, erkältungslinderndes Gänse-
blümchen oder antibiotisch wirkender Spitzwegerich
und viele andere mehr. Am besten die Kräuter im Sumpf-
schildkröten-Aspik verarbeiten. Wählen Sie nur Pflanzen,
die Sie hunderprozentig kennen, und sammeln Sie nicht
in der Nähe vielbefahrener Straßen.

Wenn die Sumpfschildkröte stirbt

Freilich ist die Trauer groß, wenn man liebgewonnene
Tiere verliert. Dennoch: Wenn vorher keine Krankheits-
zeichen auftraten, empfiehlt es sich, das Tier einem Labor
oder tiermedizinischen Institut zu wissenschaftlicher
Bearbeitung zuzusenden. Erst nach einer Sektion kann die
Sterbeursache festgestellt werden.

Die meisten Erkenntnisse über Erkrankungen bei Reptilien
werden aus Untersuchungen verendeter Tiere gewonnen.
Wohnen mehrere Pfleglinge im Haushalt, sollte nach dem
plötzlichen Verlust eines Tieres unverzüglich eine Sektion
eingeleitet werden, um bei einer eventuell ansteckenden
Krankheit schnell eingreifen zu können. Eine Untersuchung der gestorbenen Sumpfschildkröte kann das Leben
von verbleibenden Tieren retten.

Sumpfschildkröten züchten

Voraussetzungen

Die Geschlechtsreife der Sumpfschildkröten ist artabhän-
gig und richtet sich nach den Haltungsbedingungen. Sind
sie gut, entwickeln sich die Tiere vielleicht schneller als in
der Natur. Das Erreichen der Geschlechtsreife hängt stark

von den natürlichen Einflüssen ab: vom Vorhandensein artgerechter Nahrung, der jahreszeitlichen Temperatur und dem Licht. In unserer Obhut spielen Terrariengröße, Ausstattung des Lebensraums und die Ruheperioden eine wichtige Rolle für erfolgreiche Zucht. Einziger Anhaltspunkt für den Reifegrad einer Sumpfschildkröte ist ihre Körpergröße.

Verpaarung

Mit den ersten Sonnenstrahlen kaum aus der Winterruhe erwacht, werden die Sumpfschildkröten lebhaft und beginnen im April bis Mai mit der Werbung. Heftig bedrängen die männlichen Tiere die Weibchen. Dabei haben wasserlebende Sumpfschildkröten recht unterschiedliche Balzrituale: Die Männchen schwimmen heran und begrüßen eine Partnerin mit Kopfnicken, manche Sumpfschildkrötenmänner berühren ihre Weibchen mit den Vorderbeinen und Krallen zitternd am Kopf, um deren Paarungsbereitschaft zu prüfen.

Männliche Schmuckschildkröten lassen ihre langen Vorderfußkrallen über dem Kopf der Weibchen vibrieren, andere Arten nähern sich durch Überschwimmen oder

Sumpfschildkröten-Eltern und -Kinder hält man besser getrennt.

Chinesische Dreikielschildkröte:
Oben das kleinere Männchen,
unten rechts das Weibchen.

steuern direkt auf die Partnerin zu. Kopuliert wird an der Wasseroberfläche oder untergetaucht. Wenn es zur Sache geht, hält man die Geschlechter besser zeitweilig getrennt, um gefährliche Verletzungen und Dauerbelästigungen der Weibchen durch die Männchen zu vermeiden. Setzen Sie immer ein paarungswilliges Weibchen zu einem Männchen in den Behälter, um Rangeleien zu vermeiden. Steht Zuwachs bevor, bietet man den Tieren viel Kalzium, Strahlungswärme, Ruhe, gutes Futter und einen Eiablageplatz.

Eiablage

Kurz vor der Eiablage von Mai bis Juli (sie kann mehrfach stattfinden) wird ein trächtiges Weibchen unruhig und sucht nach einem geeigneten Platz für das Gelege. Sumpfschildkröten legen mit den Hinterbeinen sorgfältig eine Nistgrube im Landteil an und deponieren darin je nach Art ein bis fünfundzwanzig Eier. Die Eiablagegruben werden von flach (Zackenerdschildkröte) bis eine Panzerlänge tief (Moschusschildkröte) ausgehoben. Das müssen wir bei der Einrichtung des Landteils bzw. des Eiablageplatzes unbedingt berücksichtigen. Zu Schwierigkeiten bei der Eiablage kann es durch Überbesatz an Tieren im Terrarium oder Aquarium kommen. Eier, die ins Wasser abgestoßen wer-

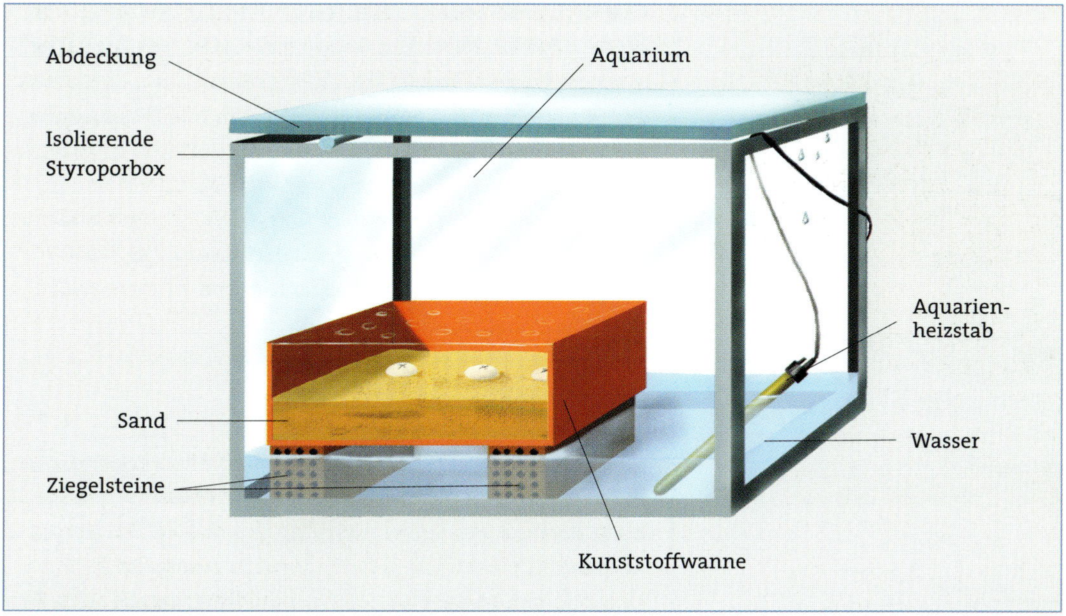

Abdeckung

Aquarium

Isolierende
Styroporbox

Aquarien-
heizstab

Sand

Wasser

Ziegelsteine

Kunststoffwanne

den, sind meist unbefruchtet oder abgestorben oder dem Weibchen fehlt die Möglichkeit, Eier an Land zu vergraben.

Bebrüten der Eier

Um die Eier vor anderen grabenden Weibchen zu schützen, sollten Sie sie bergen. Damit sich die Brut gut entwickeln kann, müssen Sie die Eier (wenn sie schon einige Stunden in der Erde liegen) genauso in den Sand betten, wie Sie sie gefunden haben. Am einfachsten klappt das mit einer Bleistift-Markierung auf der Oberseite. Durch Drehen des Eis könnte nämlich der Keim vom Dotter erdrückt werden und absterben. Eine Plastikwanne, halb gefüllt mit leicht feuchtem Sand, ersetzt die Brutgrube. Ebenso bewährt hat sich zum Beispiel Vermiculite.

Im Zoofachhandel gibt es spezielle Brut-apparate. Manche Halter behelfen sich mit Brutschränken wie sie z.B. zum Bebrüten von Küken benutzt werden

„Vor-sicht, wir sind noch klein und können leicht zerdrückt werden. Paßt Du gut auf uns auf?"

Der Dottersack, der bald in die Bauchfalte eingezogen wird, ist gut sichtbar.

oder mit einer Styroporbox bzw. einem Aquarium. In diesem Behälter ruht die Wanne mit den Eiern, am besten auf zwei Ziegelsteinen. Die notwendige Wärme entsteht durch Wasser, das ein Aquarienheizstab mit Thermostat aufheizt, bei einer Luftfeuchtigkeit von etwa 90 Prozent. Eine Plexiglasscheibe, schräg über den Eibehälter gelegt, verhindert, daß Kondenswasser auf die Eier tropft und sie schädigt. Durchleuchtet man ein Ei mit einer Taschenlampe, läßt sich gut die Entwicklung des Embryos beobachten. Die Eier darf man nur vorsichtig und so selten wie möglich händeln: Nie dürfen sie um die horizontale Achse gedreht werden.

Eine Laune der Natur ist das Geschlecht der Jungtiere, das bei den meisten Arten durch die Bruttemperatur bestimmt wird. Bei einer niedrigeren Bruttemperatur schlüpfen Männchen, bei höheren Temperaturen gibt es mehr Weibchen. Über die Dauer der Zeitigung findet man Hinweise in der speziellen Literatur.

Schlupf und Aufzucht

Eine gesunde Sumpfschildkröte schafft den Schlupf allein. Die Babys haben in der Mitte des Bauchpanzers noch den erbsengroßen, gelblichen Dottersack. Dieser wird innerhalb von ein bis zwei Tagen eingezogen, die Bauchfalte

Eine gesunde Sumpfschildkröte kommt ohne fremde Hilfe aus dem Ei.

Von Anfang an sind Jungtiere
sehr lebhaft.

schließt sich. Nach dem Schlupf zehren die Jungen noch
einige Tage vom Dotter. Heranwachsende Tiere hält
man in einem Aufzuchtbehälter von etwa 50 Liter mit
zahlreichen Verstecken, bei einem Wasserstand von etwa
fünf Zentimeter. Zum Verbergen bietet sich Quellmoos an.
Für einen optimalen Aufwärmplatz unter dem Wärmespot (ca. 35 °C) sorgt ein fest verankertes Korkrindenstück.
Verpilzungen und Nekrosen kann man vorbeugen, indem
man in das Becken der Kleinen etwas Speisesalz (zwei
Gramm pro Liter) gibt. Der Behälter ist wie bei den Erwachsenen regelmäßig und sorgfältig zu reinigen. Die
wasserlebenden Jungschildkröten müssen wegen ihres
schnellen Wachstums häufiger und besonders abwechs-
lungsreich gefüttert werden, um Mangelerscheinungen
vorzubeugen. Wertvoll ist Tierisches, das mit Vitamin-
und Kalkzusätzen angereichert wird: Regenwürmer,
Wasserinsektenlarven, Flohkrebse,
Tubifex, aber auch Sumpf-
schildkröten-Aspik. Damit
sich die Tiere und Panzer
gesund entwickeln, be-
nötigen auch die kleinen
Sumpfschildkröten einmal
täglich 15 Minuten
UV-Licht.

Kleine Sumpfschildkröten benötigen
viel Pflege und werden besser von
den erwachsenen Tieren getrennt
gehalten.

Sumpfschildkröten verstehen lernen

Die Sumpfschildkröte verlangt nicht nur nach Futtergaben. Ihr Panzertier braucht vor allem Ruhe in gewohnter Umgebung und Zeit für seine natürlichen Bedürfnisse. Nur so kann es sich gesund und ohne Streß entwickeln.

Richtiger Umgang mit der Sumpfschildkröte

Optimaler Lebensraum

Leider neigt man dazu, im Heim gehaltene Tiere zu vermenschlichen. Doch eine Sumpfschildkröte eignet sich überhaupt nicht als Kuscheltier wie Hund oder Katze. Am wohlsten fühlt sich das Tier in einer artgerechten und interessanten Umgebung mit viel Abwechslung.

Das geht ganz einfach: Beim Großputz immer wieder mal das Aquaterra-

Die Schlangenhalsschildkröte aus Australien ist ein sehr munterer und neugieriger Terrarienpflegling.

Dicht an dicht liegen diese Europäischen Sumpfschildkröten zum Ruhen und Sonnenbaden.

rium umgestalten und möglichst natürlich mit Versteck- und Grabemöglichkeiten ausstatten. Im Sommer bietet sich ein optimal angelegter Gartenteich an, in dem ruhig ein paar Fische schwimmen dürfen.

Regeln für Kinder

- Die Sumpfschildkröte ist kein Spielzeug.
- Das Tier behutsam anfassen, niemals fallen lassen oder auf den Rücken drehen.
- Die Aktivitätsphasen der Sumpfschildkröte einhalten.
- Die Sumpfschildkröte in ihrer Umgebung beobachten.
- Nicht dauernd füttern und keine Süßigkeiten anbieten.
- Nach dem Anfassen sorgfältig Hände waschen.

Verhaltensanreicherung

Aktiv hält man das Panzertier mit viel Platz im Aquaterrarium, Aquarium oder Gartenteich. Dort muß es seinem Bewegungsdrang nachkommen können. Die Sumpfschildkröte liebt hohes, überhängendes Gebüsch, Wurzeln und Baumstämme als Deckung. Gern hockt sie im Schlamm auf der Lauer und beobachtet die Umgebung. Eine andere Art zieht Sonnenplätze vor. Einige Sumpfschildkröten benötigen dringend Lebendfutter, dem sie wie in der Wildnis nachstellen können. Optimal ist der Umgang, wenn der Pflegling in seiner Umgebung das findet, was auch die Natur vorgibt.

Im künstlich geschaffenen Lebensraum müssen wir unsere Pfleglinge
vor Schaden bewahren.

Der Umgang im Alltag

- Schonzeit für die Bedürfnisse
einhalten, wie schwimmen,
sonnen, jagen, fressen, graben
und ruhen
- Das Tier in seiner gewohnten
Umgebung belassen
- Zur Wunscheinrichtung der
Sumpfschildkröte gehört ein
geräumiges Gehege, in dem
sie sich viel bewegen und verstecken kann
- Schwer erreichbare Futter-
quellen fordern die Sumpfschildkröte
- Gefahren ausschalten

Zur artgerechten Haltung von Sumpfschildkröten gehört
nicht nur eine geeignete Unterbringung und die richtige
Pflege, sondern auch unsere Fürsorge, die Tiere im künst-
lich geschaffenen Lebensraum vor Schaden zu bewahren.
Für die Sicherheit der Pfleglinge müssen Sie auf alle
Gefahren achten.

Die häufigsten Gefahrenquellen:

- Ertrinken im Gartenteich, bei kaltem Wetter, in Panik,
wenn beispielsweise der Landteil nicht erreichbar ist,
die Tiere in Sackgassen festklemmen oder sich ver-
heddern.
- Entweichen und Überfahren auf Straße.
- Umkippen auf den Rücken beim Verlassen des Wassers.
- Vergiften: Gefahr besteht durch Pflanzen, wie Weih-
nachtsstern, Oleander, Azaleen, Osterglocken, Gummi-
baum und Efeu, aber auch Baumaterialien, Harzprodukte,
Pflanzendünger, Farben, Zigaretten oder Medikamente.
- Rasenmäher, Trimmer.
- Zertreten und Zerquetschen von jungen Sumpf-
schildkröten.
- Verletzungen durch den Hund.
- Verschleppt werden von Wildtieren wie Fuchs, Waschbär
oder Elster.
- Verschlucken von Fremdkörpern wie Kunststoff, Kron-
korken, Fasern, Münzen, Spielzeug usw.

Die Sinnesleistungen

Sehsinn

Optische Reize sind für Sumpfschildkröten maßgebend,
um in der Umgebung Nahrung und Feinde zu erspähen.
Die Augen sind leistungsfähige Sinnesorgane, mit denen
die Tiere auch Farben sehen können und gut Bewegungen
ausmachen. Das ist vor allem wichtig für den Beuteer-
werb jagender Arten. Außerdem orientieren sich die Tiere
optisch in der Umgebung, um sich Landmarken einzu-
prägen, und sie finden mit dem guten Sehsinn ihre Eiab-
lageplätze wieder.

Geruchssinn

Der Geruchssinn ist bei den Sumpfschildkröten sehr gut entwickelt. Ausgiebig wird alles beschnüffelt. Wenn das Aroma eines Leckerbissens winkt, kommen die Tiere auf Trab. Strenge Duftnoten von Kot und Aas in der Natur ziehen Sumpfschildkröten wie ein Magnet an und sind ein gefundenes Fressen. Auch der Sumpfschildkröten-„Erkennungsdienst" geht über die Nase. Duftspuren verraten einen Eindringling oder während der Paarungszeit das andere Geschlecht. Sumpfschildkröten nehmen auch im feuchten Element Gerüche wahr.

Hörsinn

Weniger ausgeprägt ist die Hörfähigkeit der Sumpfschildkröten. Ein äußeres Ohr fehlt. Allerdings sitzt unter der Haut hinter dem Auge das Trommelfell. Damit ist die Sumpfschildkröte in der Lage, Schallwellen wahrzunehmen. Die beachtliche Fähigkeit, Erschütterungen des Bodens zu spüren, kann die Sumpfschildkröte vor großen Beutegreifern retten.

Einmaleins des Verhaltens

Lebt eine Sumpfschildkröte bei Ihnen, ist es wichtig, daß Sie die Bedürfnisse des Tieres kennen, akzeptieren und ihnen Rechnung tragen. Nur so kann sich der gepanzerte Freund gut entwickeln und lange leben.

In freier Wildbahn halten sich die Tiere entweder im Schlamm oder unter Steinen in der Uferregion auf oder schwimmen in krautigen Fließgewässern umher. Dort

Die Dosenschildkröte ist ein eifriger Jäger und kann sehr gut Beute erkennen.

Das Trommelfell der Sumpfschildkröte sitzt unter der Haut hinter dem Auge.

leben sie meist in größeren Populationen und legen auf der Suche nach Freßbarem lange Distanzen zurück. Der Verlust ihres Habitats durch Zerstörung oder Trockenheit zwingt die Tiere zum Abwandern aus dem Heimatgewässer. Sumpfschildkröten können über und unter Wasser Duftbotschaften aufnehmen. Wittert ein Männchen eine nahende Sumpfschildkrötenfrau, schwimmt es los, um die Gelegenheit zur Paarung zu nutzen. Auch das köstliche Aroma von Futter lockt die Tiere aus ihrem Versteck. Die Jagdtechniken variieren stark, je nach den Lebensgewohnheiten der Tiere. Einige sind geschickte Räuber und jagen hinter ihrer Beute her, andere fangen sie, indem sie ihr Maul weit aufreißen und das Opfer

Körpersprache deuten

Körperhaltung	Das signalisiert die Sumpfschildkröte
Übereinander klettern, wegschubsen, raufen	Platz streitig machen, Futtergier
Ein Männchen versucht ständig, bei einem anderen Männchen aufzureiten	gefügig machen (sieht das andere Tier als Weibchen an, Streß für den Unterlegenen), Tiere unbedingt trennen
Beriechen, Kopfnicken	Werbung um Weibchen
Beißen, stoßen	(nicht immer) zärtliche Aufforderung der Partner zur Paarung
Beißen und Maul aufreißen	rivalisierende Tiere, Vertreiben von Gegner, Rangordnung festigen, Imponieren, Drohen
Gähnen	Anspannung oder Müdigkeit
Kopf einziehen	Angst, Schüchternheit
Zusammenzucken	Erschrecken
Kopf und Hals weit nach oben gestreckt	Interesse, die Sumpfschildkröte hat etwas gesehen, sie hat die Witterung aufgenommen, oder sie sonnt sich
Plötzliches Weglaufen, Fortschwimmen	die Sumpfschildkröte hat etwas zu Fressen gerochen
Alle Viere von sich strecken und Augen schließen	die Sumpfschildkröte nimmt ein Sonnenbad und wärmt sich auf
Schnelles Weglaufen, Untertauchen, ausgelöst durch Bewegung	Flucht, Abwehr
Treten, Kratzen, Beißen, Schnappen	Abwehr
Entleeren der Blase, abkoten beim Handling	großer Streß und Angst beim Ergreifen

Sumpfschildkröten (hier die Rot-
bauch-Spitzkopfschildkröte) sollte
man nicht so oft aus dem Behälter
nehmen.

einsaugen. Wieder andere „angeln" regelrecht mit einer
wurmähnlichen Zunge. Es gibt Arten, die ergattern
Schnecken oder Aas an Land und zerren den Fang ins
Wasser, bevor sie ihn verzehren. Erdschildkröten fressen
im Wasser und auf dem Land. Werden die Tage kürzer
und kühler, drosseln einige Sumpfschildkröten ihre
Aktivitäten und verschlafen den Winter.

Verhalten erkennen

In der freien Natur nehmen Sumpfschildkröten über be-
stimmte Signale und Bewegungen Kontakt zueinander auf
und vermitteln so friedliche oder aggressive Absichten.
Das können Duftcodes sein und bestimmte ritualisierte
Abläufe, wie beispielsweise bei der Paarung oder wenn
Rivalen aufeinanderstoßen. Auch die Tiere in unserer
Obhut verständigen sich auf diese Weise.

Haltungsprobleme lösen

Sumpfschildkröten in menschlicher Obhut können weit
über 30 Jahre alt werden, wenn Haltung und Pflege auf ihre
Bedürfnisse abgestimmt sind. Allerdings sind sie vollkom-
men vom Pfleger abhängig und kaum in der Lage, mimisch
oder stimmgewaltig auf Defizite aufmerksam zu machen.
Dazu kommt, daß die Tiere unendlich duldsam sind. Auf
falsche Behandlung und Haltungsfehler reagieren sie
höchstens mit Verhaltensanomalien wie Apathie, Unruhe,
Aggression, Futterverweigerung oder einer schweren Erkrankung. Wichtig für das Wohlbefinden und die Gesundheit der Sumpfschildkröte ist die soziale Zusammensetzung
der Gruppe. Ein Überbesatz von Männchen kann bei einem

Die Moschusschildkröte ist böse
und schnappt.

Streßfaktoren ausschalten

- Die Geschlechter getrennt halten
- Überbesatz vermeiden
- Geeigneten Platz für Eiablage anbieten
- Flucht- und Versteckmöglichkeiten schaffen
- Die Tiere nicht aus dem Behälter nehmen, anfassen oder herumtragen.

Mangel an Fluchtmöglichkeiten zu Beißereien mit tödlichen Verletzungen führen. Wird ein Weibchen stark vom Männchen belästigt, wird es sich wahrscheinlich ständig verstecken und bekommt zu wenig Sonne und Wärme. Es frißt zu selten und kann am Streß sterben.

Falsche Kost
Verfüttern von großen Anteilen an Säugetierfleisch, Fett, Schokolade, Kuchen, Kekse, Brot etc. an Sumpfschildkröten führt zu Stoffwechsel- und Organerkrankungen und dem frühen Tod der Tiere. Man sollte sich also genau darüber informieren, welche Sumpfschildkrötenart Einzug ins Heim gehalten hat und was diese verzehren darf.

Falsche Unterbringung
Die Haltung von Sumpfschildkröten in zu kleinen Behältern ist nicht tierschutzgerecht. Falsche Standorte auf zugigen Balkonen, Steinböden oder am Fenster verursachen Krankheiten. Überdies darf nicht die Möglichkeit fehlen, unter einem Wärmespot die optimale Körpertemperatur zu erzielen und ausreichend Sonnenlicht zu genießen. Vor der Anschaffung von Behälter und Zubehör sollte die Endgröße der Art einberechnet werden. Niemals die tierquälerischen, zu kleinen Plastikschalen mit grellbunten Kunststoff-Palmen verwenden.

Falsches Substrat
Als Bodengrund im Landteil dürfen keine rauhen Flächen oder scharfen bzw. spitzen Gegenstände verwendet werden, die zu Panzerverletzungen führen können. Sand wird gefressen, wenn die Kost zuwenig Kalk, Spurenelemente oder Ballaststoffe enthält. Zuviel Sand kann zum lebensgefährlichen Darmverschluß führen.

Eiablage verzögern
Wird bei der Einrichtung des Terrariums nicht dem Landteil Rechnung getragen, kann es zu Schwierigkeiten bei der Eiablage kommen. Ein Hinweis mag das Abstoßen der Eier ins Wasser sein, wenn das Weibchen keine Möglichkeit hat, die Eier abzulegen.

Schmuckschildkröten werden sehr groß und brauchen ein großes Terrarium.

Forum für Sumpfschildkröten

Verbände, Zeitschriften, Adressen

Deutsche Gesellschaft für Herpetologie und Terrarienkunde (DGHT) e. V., Geschäftsstelle, 53351 Rheinbach, Zeitschriften „elaphe" und „Salamandra"

Verband Deutscher Vereine für Aquarien- und Terrarienkunde (VDA), Geschäftsstelle, Luxemburger Str. 16, 44789 Bochum, Zeitschrift „Datz"

„Emys"-Fachzeitschrift, Schildkrötenfreunde Österreich, Maria-Ponsee 32, A-3454 Sitzenberg-Reidling

„Schildkröte"-Fachmagazin, Verlag Schildkröte, Postfach CH-4467 Rothenfluh

Schildkröten-Lexikon, Dr. Susanne Vogel, Lochener Str. 6, 83623 Linden

Literatur

Fröhlich, F.: Wunderschöne Schmuckschildkröten, Franckh-Kosmos Verlag, Stuttgart 1995

Jarofke, D. und Lange, J.: Reptilien. Krankheiten und Haltung, Verlag Paul Parey, Berlin und Hamburg 1993

Müller, G.: Schildkröten, Eugen Ulmer Verlag, Stuttgart 1993

Nöllert, A.: Schildkröten, Landbuch Verlag, Hannover 1992

Rogner, M.: Schildkröten 1 + 2, Heidi-Rogner-Verlag, Hürtgenwald 1995 + 1996

Rudloff, H.-W.: Schildkröten, Urania Verlag, Leipzig-Jena-Berlin 1990

Wilke, H. und Anders, U.: Die Schildkröte, Gräfe und Unzer Verlag GmbH, München 1997

Infos zur Schildkrötenhaltung

Zentralverband Zoologischer Fachbetriebe Deutschlands e. V., 63225 Langen, Tel. 06103-910732 (nur telefonische Auskunft)

Schildkröten-Kummer-Telefon der AG Schildkröten der DGHT und des Instituts für Zoologie, Fischereibiologie und Fischkrankheiten, München (Herr Baur) Tel. 089-2180-2283, mittwochs 20-22 Uhr

Wir danken Herrn Markus Baur von der Tierärztlichen Fakultät der LMU München für seine wissenschaftliche Beratung.
Die Fotografin und der Verlag danken Herrn Voß, Wuppertal.

Impressum

Es ist nicht gestattet, Abbildungen dieses Buches zu scannen, in PCs oder auf CDs zu speichern oder in PCs/Computern zu verändern oder einzeln oder zusammen mit anderen Bildvorlagen zu manipulieren, es sei denn mit schriftlicher Genehmigung des Verlages.

Die Deutsche Bibliothek – CIP-Einheitsaufnahme

Sumpfschildkröten: Erprobter Menü- und Pflegeplan; Gesundheitscheckliste; Mit Lernspiel für Kinder / Evelyn Seeger. (Ill.: Manfred Lindner). – Augsburg : Augustus-Verl., 1999
ISBN 3-8043-7128-0

Augustus-Verlag, Augsburg 1999
© Weltbild Ratgeberverlage GmbH & Co. KG
Alle Rechte vorbehalten
Fotos: Steimer, außer: S. 7, 23 u., 38 (Freund); 13 u., 26 u., 52 o./u., 53 o., 55 o. (Basile); 10, 18, 20, 24 o., 26 o., 28, 32, 36 o., 59 o./u., 60 (Voß)
Illustrationen: Manfred Lindner
Lektorat: Sibylle Kolb, Augustus Verlag
Layout und Satz: Uhl & Massopust, Aalen, nach einem Entwurf von Cosmas Fette, Offendorf, gesetzt aus der The Serif 9/13 Punkt
Reproduktion: Uhl & Massopust, Aalen
Umschlaggestaltung: Vera Faßbender, Augustus Verlag
Druck und Bindung: Offizin Andersen Nexö, Leipzig
Gedruckt auf umweltfreundlich chlorfrei gebleichtem Papier
Printed in Germany

ISBN 3-8043-7128-0

Register

Sumpfschildkrötenspiel

Taktisches Würfel- und Lern-Spiel
für 2–4 Spieler ab 7 Jahren
Spielidee: Ingo Faustmann, Ravensburg
Fragen und Antworten: Evelyn Seeger

SPIELZIEL ... ist es, bei Spielende die meisten Punkte zu haben!

SPIELVORBEREITUNG Zunächst trennt Ihr den Spielplan vorsichtig aus dem Buch heraus. Nun braucht Ihr noch Spielmaterial, das Ihr aus einem anderen Spiel herausnehmen könnt: einen Würfel mit den Zahlen von 1 bis 6, eine Spielfigur für jeden Mitspieler, 12 Chips (oder Münzen), ein Blatt Papier und einen Stift.

Neben den *Lauffeldern*, auf denen Ihr Eure Spielfigur bewegt, gibt es 15 große *Sumpfschildkrötenfelder* mit bunten Abbildungen. Davon sind *12 Fragefelder* (auf denen Ihr Euer Wissen testen könnt) und *3 Chancenfelder*, auf denen Ihr mit Glück zusätzlich Punkte machen könnt. Legt auf die 12 Fragefelder jeweils einen Chip – am besten so, daß der Text nicht abgedeckt wird.

JETZT GEHT'S LOS! Jeder sucht sich eine Spielfigur aus und stellt sie auf das farbgleiche Startfeld. Wählt einen Startspieler aus und gebt diesem Spieler den Würfel. Danach geht es dann immer im Uhrzeigersinn weiter. Der Startspieler notiert zusätzlich Eure Punkte und bekommt deshalb Papier und Stift. Wer an der Reihe ist, würfelt und bewegt dann seine Spielfigur genau um die gewürfelte Augenzahl weiter. Man kann in jede beliebige Richtung gehen. Jedes Feld zählt einen Würfelpunkt. Endet Euer Spielzug auf einem Feld, wo ein Mitspieler steht, habt Ihr Pech. In diesem Fall müßt Ihr in eine andere als die gewünschte Richtung ziehen.

DIE 15 SUMPFSCHILDKRÖTENFELDER Wer seinen Zug auf einem ➡-Feld beendet, kann jetzt vielleicht einen Punkt machen. Der Pfeil zeigt dabei auf das Sumpfschildkrötenfeld, um das es jetzt geht. Ist es ein *Fragefeld,* dann liest Dein linker Nachbar jetzt die Frage vor, und Du mußt die richtige Antwort geben. Diese ist unter der Nummer des Feldes auf der folgenden Seite abgedruckt. Stimmt die Antwort, wird Dir ein Punkt gutgeschrieben und der Chip abgeräumt, ansonsten hast Du Pech und beendest den Zug ohne Punktgewinn. Das Spiel endet, wenn der letzte der 12 Chips abgeräumt ist und damit alle Fragen einmal gestellt und beantwortet wurden. Ist es ein *Chancenfeld,* so kannst Du Glück haben, einen Punkt einfach so zu bekommen: Wenn Du jetzt eine der Zahlen würfelst, die auf dem Feld abgedruckt sind, dann erhältst Du einen Punkt, ohne daß Du etwas dafür tun mußt.

WICHTIG Auf den Chancenfeldern kann jeder, wenn er darauf kommt, immer wieder sein Glück versuchen. Der Startspieler, der für Euch die Punkte aufschreibt, muß aber wegen der Endabrechnung darauf achten, daß er für jeden Mitspieler die Punkte aus den Fragefeldern und aus den Chancenfeldern extra notiert!

DIE ABRECHNUNG Jetzt wird's spannend:
- Jeder Punkt aufgrund einer richtig beantworteten Frage eines Fragefeldes zählt ganz normal.
- Jeder Punkt aufgrund eines richtigen Tips auf einem Chancenfeld zählt auch als ein Punkt – mit der einzigen Ausnahme, daß man auf diese Weise *nicht mehr Punkte* zusätzlich machen kann als mit richtig beantworteten Fragen.

Ein Beispiel: Heidi hat bei Spielende 3 Punkte aus den Fragefeldern und 4 Punkte aus den Chancenfeldern. Das ergibt, daß man bei Spielende nicht mehr Punkte für die Chancen dazuzählen darf als man Fragen richtig beantwortet hat: 3 Punkte (Fragefelder) + 3 Punkte (Chancenfelder – ein Punkt verfällt) = 6 Punkte insgesamt.

SIEGER IST, WER DIE MEISTEN PUNKTE HAT. VIEL SPASS!

Antworten zum Sumpfschildkrötenspiel

1. Anschaffung Eine Sumpfschildkröte bekommt man beim Privatzüchter und im Zoofachhandel.

2. Ausstattung Landgebundene Arten: Aquaterrarium, Badebecken, Grabemöglichkeit, Versteck, Kletterhilfe, Wärmelampe, UV-Strahler. Vielschwimmer: Aquarium, Aquarienfilterpumpe mit Heizsystem, Landteil zum Einhängen mit Grabemöglichkeit, Lauframpe, Korkinsel, Wärmelampe, UV-Strahler.

3. Unterscheidung Landgebundene Arten besitzen paddelartige Füße mit Krallen, dünnen Schuppen und kleinen Schwimmhäuten, der Panzer ist halbrund bis flach. Vielschwimmer haben nicht so starke Krallen und weniger Schuppen, dafür stark ausgebildete Schwimmhäute. Der Panzer ist flacher, wodurch das Schwimmen leichter fällt.

4. Soziale Zusammensetzung Zwei Zöglinge brauchen mehr Platz und viele Verstecke. Am besten hält man ein Männchen und zwei Weibchen.

5. Andere Tiere Vor allem Katzen sind furchtbar neugierig. Wird ihr Jagd- oder Spieltrieb geweckt, kann die Sumpfschildkröte Schaden nehmen. Die Tiere niemals zusammen allein lassen.

6. Nahrung Viele Sumpfschildkröten mögen als

Heranwachsende mehr Tierisches und verzehren erst als Erwachsene viele Pflanzen. Andere sind Jäger und machen sich am liebsten nur über Fleisch her. Die Liste für Futtermittel findest Du auf Seite 39.

7. Hygiene Wasser im großen Badebecken jeden Tag erneuern. Wasser im Aquarium alle 8 – 14 Tage komplett auswechseln.

8. Umgang 1. Die Sumpfschildkröte ist kein Spielzeug; 2. Tiere behutsam anfassen und niemals fallen lassen; 3. Nicht aus dem Quartier nehmen und herumtragen; 4. Aktivitätsphasen einhalten; 5. Nicht überfüttern und keine Süßigkeiten anbieten 6. Nach dem Anfassen Hände waschen.

9. Beschäftigung Einige Sumpfschildkröten verbringen den Sommer gerne in einem Freilandgehege mit Badebecken oder Teich. Dort können sie ausgiebig schwimmen, Mückenlarven fangen, sich verstecken, schlafen, lauern und Sonnenbäder genießen.

10. Verhalten Sie ist neugierig und möchte etwas genau betrachten, oder sie hat ihr Lieblingsfutter gerochen und bettelt.

11. Lautsprache Abwehr und Warnung. Die Sumpfschildkröte ist kein Spieltier. Läßt man sie nicht in Ruhe, kann sie empfindlich beißen, weil sie sich bedroht fühlt und Angst hat.

12. Bewegung Nicht alle sind gute Schwimmer und benötigen Kletterhilfen wie die Moschusschildkröte.